非平衡荷载作用下基坑围护结构受力变形机理及计算方法

徐长节 著

中国建筑工业出版社

图书在版编目（CIP）数据

非平衡荷载作用下基坑围护结构受力变形机理及计算方法/徐长节著. —北京：中国建筑工业出版社，2020.2

ISBN 978-7-112-24799-8

Ⅰ. ①非… Ⅱ. ①徐… Ⅲ. ①基坑-围护结构-受力性能-研究 Ⅳ. ①TU46

中国版本图书馆CIP数据核字（2020）第017924号

随着我国土地资源的日益紧张以及地下空间建设的快速发展，深基坑工程面临的荷载条件越发复杂，非平衡开挖荷载作用下的基坑越来越常见。本书通过理论推导、试验模拟、数值分析三种研究手段全方面地介绍了非平衡荷载作用下基坑围护结构受力变形机理及计算方法。全书共分为八章，主要内容有：绪论、非平衡荷载作用下考虑围护结构侧向位移的非极限土压力计算方法、非对称开挖基坑围护结构解析计算方法、非对称开挖基坑围护结构受力变形机理的试验研究、非对称开挖基坑围护结构受力变形机理的有限元分析、两侧土质不同情况下基坑围护结构受力变形机理的有限元分析、两侧不平衡超载下基坑围护结构受力变形机理的有限元分析、总结与展望。

本书可供从事基坑工程研究人员参考使用，也可以作为从事基坑工程设计、施工等工程人员的专业参考书。

责任编辑：辛海丽
责任校对：芦欣甜

非平衡荷载作用下基坑围护结构受力变形机理及计算方法

徐长节 著

*

中国建筑工业出版社出版、发行（北京海淀三里河路9号）

各地新华书店、建筑书店经销

霸州市顺浩图文科技发展有限公司制版

北京建筑工业印刷厂印刷

*

开本：787×1092毫米 1/16 印张：7½ 字数：178千字

2020年4月第一版 2020年4月第一次印刷

定价：**35.00**元

ISBN 978-7-112-24799-8

（35320）

前　言

随着城市地下建设的快速发展及场地使用限制的愈加严苛，基坑的周边环境愈发复杂，基坑围护结构受非平衡荷载作用的情况时有发生，如基坑非对称开挖、两侧土质不同、两侧不平衡堆载等。

从严格意义上来说，受力状态完全对称的桩撑式围护结构是不存在的。研究非平衡荷载作用下的桩撑式围护结构时，经典土压力理论和常规基坑设计方法（假定围护结构是对称的）将不能适用。基坑围护结构受荷载的不对称性将可能使荷载较大一侧的围护结构通过支撑向荷载较小侧产生“推挤作用”，两侧围护结构上作用的土压力将产生重分布，两侧围护结构的受力形式也将相当复杂。若仅按常规的单边作用进行围护结构的设计与计算，将会导致围护结构处于或是不安全，或是人力物力资源浪费的情况。如何合理地进行非平衡荷载条件下的基坑围护结构设计是紧迫而重要的岩土工程问题。

本书分为八章，通过理论推导、试验模拟、数值分析三种研究手段全方面地介绍了非平衡荷载作用下基坑围护结构受力变形机理及计算方法，内容主要有：绪论、非平衡荷载作用下考虑围护结构侧向位移的非极限土压力计算方法、非对称开挖基坑围护结构解析计算方法、非对称开挖基坑围护结构受力变形机理的试验研究、非对称开挖基坑围护结构受力变形机理的有限元分析、两侧土质不同情况下基坑围护结构受力变形机理的有限元分析、两侧不平衡超载下基坑围护结构受力变形机理的有限元分析、总结与展望等。本书可供从事基坑工程研究人员参考使用，也可以作为从事基坑工程设计、施工等工程人员的专业参考书。

本书由华东交通大学、浙江大学徐长节教授著。在写作过程中，浙江大学范晓真博士、孙志浩硕士提供了部分研究数据，在此表示感谢。同时感谢国家自然科学基金委项目“非平衡荷载作用下桩（墙）撑式支护结构变形及受力机理研究（NO. 51878276）”的资助。限于著者水平，加之时间仓促，书中疏漏之处在所难免，恳请读者批评指正，以使本书更为完善。

目　　录

第1章　绪　　论

1.1　非平衡荷载的典型类型划分

桩（墙）撑式围护结构可适用于各种地质条件下的基坑工程，尤其在软弱土地区更是能发挥其优越性，得到广泛采用，因此被选取为本书的主要研究对象。目前，由于城市地下建设的快速发展及场地使用限制的越加严苛，基坑的周边环境越发复杂，桩（墙）撑式围护结构受非平衡荷载作用的情况时有发生。当基坑围护结构较为明显地处于以下几类情形时（图1.1），可将其定义为非平衡荷载作用下的基坑围护结构：

第①类，地势差异类。这类受非平衡荷载的基坑大多分布在边坡坡脚、路基基脚、堤坝坝脚等地带，或地形起伏较大地带，一侧地势高，另一侧地势低为其主要特征。

第②类，堆载差异类。这类受非平衡荷载的基坑通常由于基坑施工时的两侧不平衡堆载造成，一侧堆载大或分布范围大，另一侧堆载小或分布范围小为其主要特征。

第③类，建筑物差异类。这类受非平衡荷载的基坑大多分布在城市建筑物较为密集的中心地带，一侧建筑物层数多或数量多，另一侧建筑物层数少或数量少为其主要特征。

第④类，开挖深度差异类。这类受非平衡荷载的基坑通常出现于工程主楼与地下室的挖深相差较大的基坑，建筑基坑与地下轨道基坑相结合施工的基坑，有地下防空等特殊功能或需求的基坑等，一侧开挖深度小，另一侧开挖深度大为其主要特征。

第⑤类，土质差异类。这类受非平衡荷载的基坑在山地地区尤为明显，一侧土质较坚硬或地下水位较低，另一侧土质较软弱或地下水位较高为其主要特征。

在对上述几类非平衡荷载作用下的基坑围护结构进行理论分析时，可将①～③类情况归结为同一种情况，即“两侧不平衡堆载”，这是因为在分析第①类和第③类的荷载情形时，通常可将其等效为作用于坑边的荷载，从而可近似等效为类似于第②类堆载差异类的

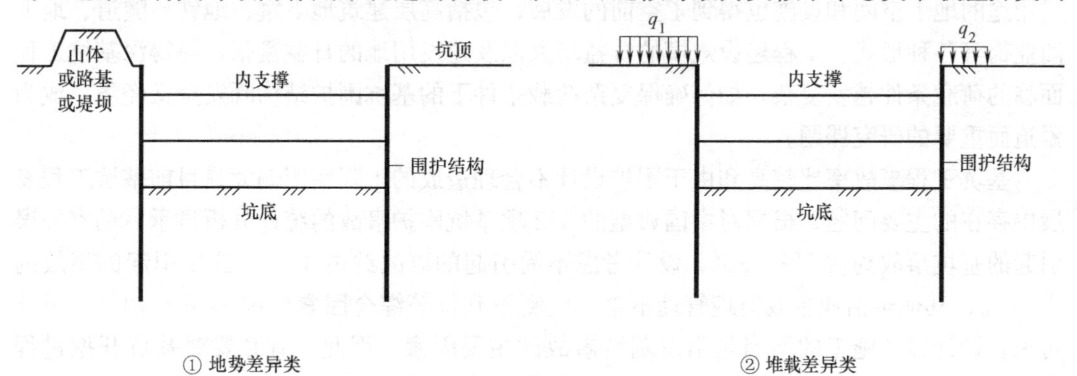

图1.1　非平衡荷载的典型类型划分（一）

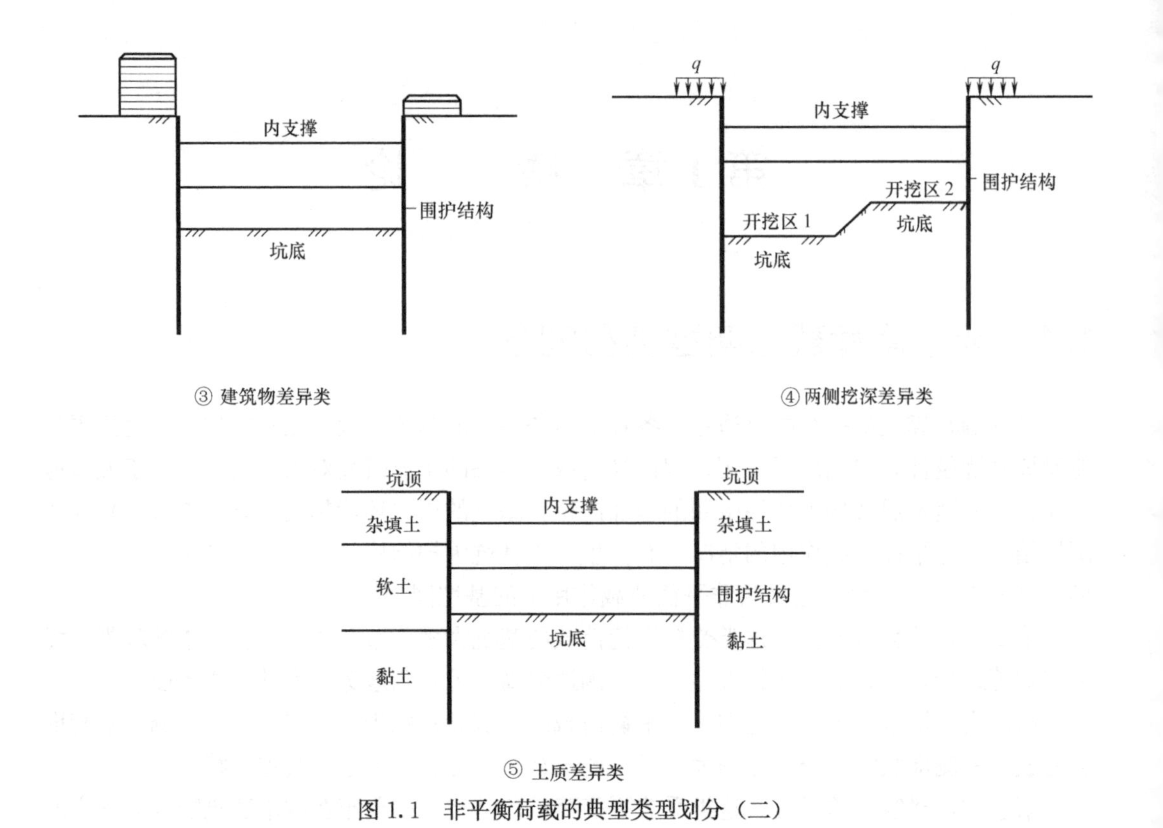

③ 建筑物差异类

④ 两侧挖深差异类

⑤ 土质差异类

图 1.1 非平衡荷载的典型类型划分（二）

情况。而第④类、第⑤类与前三类较为不同，可分别称作两侧挖深差异的“非对称开挖”情况以及“两侧土质不同”情况。以上三种情况的非平衡荷载下桩（墙）撑式基坑围护结构的受力变形机理和解析计算方法将在后续章节中分别进行详细介绍。

1.2 非平衡荷载作用下基坑围护结构受力变形机理及计算方法的目的及意义

随着国内外大量高层建筑及地下工程的兴建，基坑工程数量不断增多，与此同时，各类用途的地下空间和设施也得到了空前的发展，包括高层建筑地下室、地铁、隧道、地下商业街等各种形式。工程建设规模的日益增大以及建设用地的日益紧张，使得深基坑工程面临的荷载条件越发复杂，如何确保复杂荷载条件下的基坑围护结构既安全又经济，成为紧迫而重要的研究课题。

基坑工程事故率比较高和由于围护设计不合理造成的工程费用偏大是目前基坑工程发展中存在的主要问题。根据对中国典型的 522 项基坑围护事故的统计分析显示，勘察失误引起的基坑事故约占 7%～8%，设计考虑不周引起的事故约占 40%，施工引起的事故约占 40%，其他包括业主或监理管理不善、监测不到位等综合因素约占 12%～13%。由此可见，设计以及施工的不当是引发基坑事故的主要因素。因此，有必要对基坑开挖过程中，尤其是复杂的荷载条件下的围护结构的受力及变形机理进行更加深入的了解，制定合理的设计方案和施工控制措施，避免工程事故的发生。

基坑工程的大量实践推动了我国基坑围护设计理论的快速发展，国家行业技术标准《建筑基坑支护技术规程》JGJ 120（以下简称《规程》）第二版的问世，把我国基坑围护设计理论推向了一个新的时代。目前，重力式挡土墙、土钉墙、桩锚等围护形式设计理论较为成熟，复合土钉墙和双排桩等围护形式设计理论也在走向成熟过程之中。《规程》推荐的土压力计算和围护结构的设计方法经过大量的工程实践证明了其具有普遍性的特征。但是，工程实践中我们也体会到，基坑工程又具有地域性、个别性、时空性和安全储备小等特征。太沙基的"岩土工程与其说是一门科学，不如说是一门艺术"的观点特别适用于基坑工程。龚晓南院士认为，岩土工程分析很大程度上取决于工程师的判断，具有很强的艺术性。岩土工程设计具有概念设计特性，基坑围护设计具有概念设计的特性更加明显。很多基坑处于边坡坡脚地带，或地形起伏大，或地层软硬变化大，或紧邻铁路或公路边，或紧邻建筑物，或堆载不均等复杂荷载的环境中，当采用桩（墙）撑式围护结构时，《规程》推荐的设计计算方法将不便直接使用。

非平衡荷载作用的情况下，桩（墙）撑式围护结构受荷载的不对称性将可能使荷载较大一侧的围护结构通过支撑向荷载较小侧产生"推挤作用"，两侧围护结构上作用的土压力将产生重分布，两侧围护结构的受力形式也将相当复杂。若仅按常规的单边作用进行围护结构的设计与计算，将会导致围护结构处于或是不安全，或是人力物力资源浪费的情况。

综上所述，随着我国深基坑工程数量日益增多，基坑受非平衡荷载的现象时有发生，非平衡荷载下的桩（墙）撑式围护结构设计具有较强的工程应用前景。只有对非平衡荷载下的桩（墙）撑式围护结构受力变形机理及计算方法有深刻的认识，才能最大限度地发挥围护结构的效用，提高围护结构的安全性和稳定性，节约工程成本。

1.3 基坑围护结构现有设计方法

在基坑围护设计的过程中，通常会采用对称设计的方法对围护结构进行单边设计。目前常用的基坑围护设计方法有以下三类：

（1）常规设计方法（极限平衡法）；

（2）弹性地基梁法；

（3）有限单元法。

其中，极限平衡法在基坑设计早期被提出，由于其简便高效的计算流程受到工程师们的推崇，包括简支梁法、等值梁法、Terzaghi-peck 法等。这种方法假定围护结构在土压力和横向支撑力的作用下达到平衡，利用力与力矩的平衡条件求出嵌固深度与锚固力。该方法存在以下缺陷：

（1）只能计算内力，无法计算围护结构的变形；

（2）对软土深基坑围护设计难以考虑复杂的条件和分析围护结构的整体性状，仅能运用于单边设计，对于围护结构受非平衡荷载的情况将得出自相矛盾的计算结果。

与传统的极限平衡法相比，弹性地基梁法可以考虑支撑轴力、墙体弯矩、土压力等随开挖过程的变化，能够合理解释结构刚度和土刚度的作用，较好地反映土与围护结构之间的相互作用，计算结果与实际较相符，是相关规范推荐的方法。但其缺陷在于需要事先给定桩（墙）体的入土深度，且 m 值、支撑不动点系数等的取值均具有很大的经验性，对于基坑受非平衡荷载作用的情况更是难以进行准确的取值。

有限元法是一种模拟复杂基坑开挖问题的有效方法，它能考虑深基坑工程的复杂性，如土层的分层情况和土的性质、支撑系统分布及其性质、土层开挖和围护结构架设的施工过程等，因此在理论研究中得以广泛应用。但由于其计算过程较为复杂、耗时较长，另外由于土的本构关系难以准确描述以及土性参数不易准确确定等原因，有限元方法在工程界无法得到广泛应用。

这三类方法或是受制于理论背景，或是过于依赖经验性取值，或是计算过程过于复杂耗时过长，都无法很好地运用于非平衡荷载情况下桩（墙）撑式围护结构的设计计算。

1.4 国内外研究现状综述

1.4.1 非平衡荷载作用下考虑围护结构侧向位移的非极限土压力模型

研究非平衡荷载下围护结构的受力机理的核心问题是分析作用于围护结构上的土压力模式，准确地进行土压力的计算是基坑围护受力机理分析合理的重要前提。

经典的库仑土压力和朗肯土压力理论因其概念明确及计算简便在实际工程中得到广泛应用。但是，库仑土压力和朗肯土压力理论只能计算土体位移达到极限状态时的土压力，而在实际基坑工程中，由于基坑围护结构的变形限制愈发严格，主动土压力极限状态一般较易达到，被动土压力极限状态则往往无法达到。如图 1.2 所示，通常被动极限状态的位移 s_p 大小约为主动极限状态 s_a 的 10 倍[1]，作用在挡土结构上的土压力可能是主动土压力 p_a 与静止土压力 p_0 或静止土压力 p_0 与被动土压力 p_p 之间的任一数值。因此，传统的土压力计算方法在运用于基坑围护结构设计计算时需要进行合理修正。在非平衡荷载作用的情况下，桩（墙）撑式围护结构的变形将更为复杂，受荷载的不对称性可能使荷载较大一侧的围护结构通过支撑向荷载较小侧“推挤”，两侧的土压力将产生重分布，产生和常规设计方法中极限土压力分布（图 1.3）完全不同的状态，其大小将和围护结构与土体的位移产生密不可分的联系。由于两侧的土体位移与极限状态有所不同，其分布形式将相当复杂，因此有必要对非平衡荷载作用下考虑围护结构-土体侧向位移的非极限土压力模型进行研究。

对于考虑土体位移的非极限土压力模型，国内外学者展开了一系列研究。传统设计方法中，采用的是极限土压力的模型，围护结构上土压力的分布是线性的，如图 1.3 所示。而国内外学者的大量研究试验均表明，挡土结构上土压力的分布是非线性的[2-7]。Terzaghi[2] 通过模型试验对经典土压力理论提出质疑，指出土压力合力及其作用点位置、土压力分布与挡土结构的变位模式及位移大小密切相关。Bang[3] 指出，在初始状态和极限主动状态之间存在一个中间主动状态（intermediate active state），这时的土压力计算要考虑墙体的位移模式和大小。Sherif[4]、Fang[5,6]、徐日庆等[7] 对 T（平移）、RT（绕墙顶转动）、RB（绕墙底转动）模式下砂土的土压力进行试验发现，绕墙底转动（RB）、绕墙底偏转（RBT）、绕墙顶转动（RT）、绕墙顶偏转（RTT）模式下，土压力呈非线性分布，仅T（平移）模式下经典土压力理论才能适用。周应英[8]、岳祖润[9] 等对黏性土的试验也证实了土压力的分布和经典土压力理论存在一定的偏差。

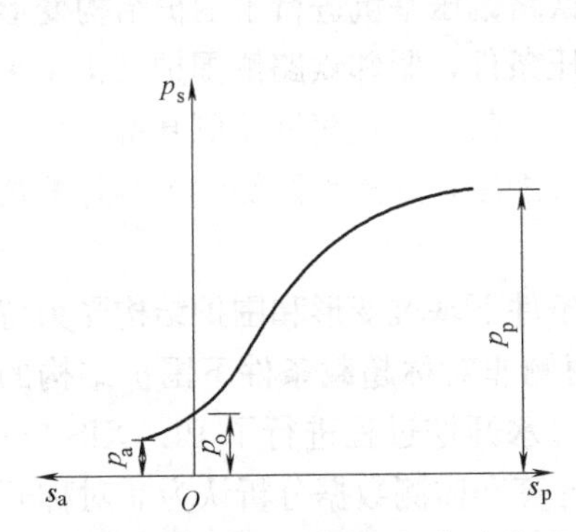

图 1.2　土压力与围护结构位移关系

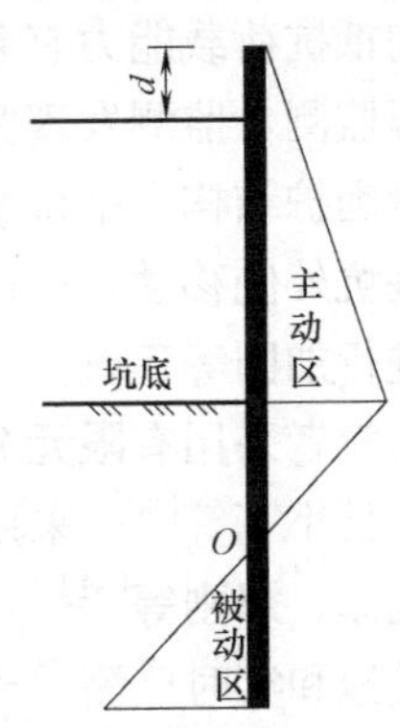

图 1.3　传统设计方法中土压力分布模型

对于考虑位移的非极限状态土压力的计算，目前通常采用两种方法：一是采用非极限状态下的摩擦角参数，替换经典土压力理论的极限摩擦角[10-29]，此方法采用土的抗剪强度发挥值的概念，能够反映位移变化对墙后土体应力状态的影响，Chang[19] 假设非极限状态时土体的内摩擦角发挥值随位移线性地从初始值增加到最终的极限值，提出了非极限状态下土压力的计算方法；龚慈[20]、徐日庆[21] 等在Chang的基础上假设摩擦角的发挥是非线性的；Zhang等[19] 提出了"中间土楔"的概念，采用土单元体的应变增量比反映摩擦角的发挥程度；胡俊强等[13] 在Zhang的基础上利用薄层单元法对非极限状态下的主动土压力进行研究；黄斌[14]、卢坤林[15]、杨泰华[16,17]、徐日庆[18]、陈奕柏[19] 等则从应力摩尔圆出发，推导了非极限状态下摩擦角的理论计算公式；二是用函数拟合土压力随位移变化的关系曲线[28,30-33]，MEI等[20,21] 提出基于现场监测数据的不同形式的指数模型；张吾渝[22]、徐日庆等[28] 提出似正弦函数模型；陈页开等[23] 提出似指数函数模型；卢国胜等[24] 提出拟合曲线模型。也有学者从其他角度入手，如谢涛等[25] 建立了基于直剪试验，考虑土体应力-应变特性和静止时初始应力状态的位移-土压力函数关系。但以上土压力计算方法均较为复杂，无法很好地与基坑围护结构的变形相结合，运用于非平衡荷载作用下基坑围护结构的受力计算。

1.4.2　非平衡荷载下桩（墙）撑式围护结构受力变形机理

针对非平衡荷载下桩（墙）撑式围护结构受力变形机理，已有一些专家学者开展了现场实测、有限元分析或是理论分析方面的研究。

一部分学者针对非对称荷载条件下基坑变形和围护结构受力特性进行了现场实测研究，并在此基础上提出了一些偏载基坑设计计算方法的建议。国外Thasnanipan等[26] 对曼谷黏土中在两侧堆载不均匀的非平衡荷载下的基坑开挖进行了有限元模拟和现场实测分析，Tanseng等[27] 对两侧堆载不同情况下的水泥桩墙开挖施工引起的受力变形进行了分析。国内姚爱军等[28] 通过现场监测的方法，研究了不对称荷载下深基坑围护结构变形规律。通过某车站基坑实测数据分析，发现在不对称荷载作用下基坑围护结构的稳定性和对环境的影响存在较大差异，在基坑两对侧出现不对称沉降和位移后，内支撑产生非对称移动，支撑受力从轴心受压变为偏心受压；超载侧围护结构抵抗荷载能力有所不足，而其对侧围护结构抵抗荷载能力有余。石钰锋等[29] 对紧邻铁路偏压基坑进行了围护结构变形和内力的全程监测，监测发现紧邻铁路基坑存在较大偏压条件，紧邻铁路侧围护结构水平位移比其对侧围护结构水平位移大，且当基坑挖深超过一定值后，远离铁路侧基坑围护结构上部已向基坑外侧移动，据此提出紧邻铁路侧围护墙应加厚，远离铁路侧围护墙外侧被动区土体应进行加固等建议。

更多的学者采用有限元分析的手段对非对称荷载条件下基坑变形和围护结构受力特性进行研究：吕小军等[30] 采用 GTS 软件研究了基坑两侧非对称超载条件下围护结构的内力和变形规律。郑刚等[31] 对天津某非对称基坑分部降水开挖过程进行了 PLAXIS 3D 有限元数值模拟和实时监测，土体采用 HS 本构模型。计算和监测数据分析认为非对称开挖的影响主要表现为基坑围护结构水平位移整体向挖深浅侧偏移，最后出现向浅挖侧偏转的效应。刘波等[32,33] 以合肥地铁 1 号线建设过程中某紧邻既有高速公路的偏压作用且坑内开挖深度悬殊的深基坑为例，分析了基坑开挖过程中围护结构的变形受力特性以及其对周围环境的影响，发现非对称荷载下基坑围护体系上部一定范围存在整体向荷载低侧“漂移”现象，紧邻高速公路侧围护桩桩身弯矩、水平位移、支撑轴力、高速公路地面沉降等均大于其对侧，深挖侧坑底隆起明显大于浅挖侧坑底隆起等结论。程群等[34] 基于有限元分析软件 MIDAS/GTS 对不对称堆载条件下的珠江新城某基坑工程实例桩锚围护结构的内力、水平位移及坑外地面沉降等进行了数值分析，并对围护桩水平位移进行了实测。阳吉宝等[35] 基于有限元分析软件 MIDAS/GTS，分析了偏压荷载下基坑围护体系的变形特征，并根据偏压荷载大小和环境保护要求优化了承受偏压荷载部位的桩径、桩长，该工程为我们提供了带桩基的建筑物偏压荷载有限元分析方法的案例。汪东林等[36] 以合肥地铁 6 号线风井深基坑为研究对象，结合实测资料和 MIDAS 二维有限元软件，对既有紧邻合宁高速公路偏压作用下的深基坑围护桩的水平和竖向位移、路基沉降规律进行了研究。林刚等[37] 基于 PLAXIS 有限元二维分析软件和土体 HS 本构模型，对不同的大小侧荷载组合下的围护墙墙身弯矩和水平位移进行了计算对比和墙身水平位移实测；计算数据表明，当大、小两侧荷载之比小于 2 时，两侧墙身弯矩和水平位移差异不明显；当大、小两侧荷载之比大于 2 时，两侧墙身弯矩和水平位移差异逐渐明显。蔡袁强等[38] 基于 PLAXIS 有限元二维分析软件、土体 HS 本构模型和界面 M-C 弹塑性模型，对同一基坑内两对侧不同挖深组合下的内支撑轴力和墙身水平位移进行了计算对比和墙身水平位移实测，计算对比表明两对侧支撑轴力和水平位移差异与挖深差呈正比。徐长节等[39] 利用 PLAXIS 有限元二维分析软件对非对称开挖基坑进行了模拟，根据开挖工况模拟了不同挖深差时，基坑两对侧的地面沉降和坑底隆起情况。

近年来，也逐渐有学者通过理论分析的手段对非对称荷载条件下围护结构计算方法提出建议：喻军等[40] 提出了非对称基坑在结构位移影响下的土压力计算公式。庞小朝等[41] 对深圳地铁 5 号线民治站偏压基坑进行了计算方法上的探讨，其思路是先根据弹性支点法计算荷载大侧主动土压力、墙身内力和支撑反力；然后，根据作用力与反作用力原理，将荷载大侧支撑反力作为荷载施加到荷载小侧墙体上，再利用弹性支点法计算荷载小侧墙体内力和位移。徐长节等[42] 基于等值梁法和内支撑两端轴力相等原理，推导了两侧挖深不同情况下计算基坑两侧围护结构深度的方法，其方法能综合考虑基坑两侧开挖深度的差异。

1.5 本书研究内容及框架

非平衡荷载作用下基坑围护结构研究的关键在于弄清非平衡荷载作用情况下，围护结构上土压力的分布规律和围护结构的受力变形机理，从而可进一步推导出可用于非平衡荷载情况的围护结构计算方法。

本书主要从以下几个方面开展工作：

（1）推导得到非平衡荷载情况下考虑围护结构侧向位移的土压力计算模型，并与传统土压力计算方法及前人试验数据进行对比验证分析。

（2）依据非平衡荷载情况下考虑围护结构侧向位移的土压力计算模型，提出非对称开挖情况下围护结构的解析计算方法，并进行参数分析，为非对称开挖情况下的围护结构设计计算提供理论依据。

（3）通过大型模型箱基坑开挖的室内试验，研究非对称开挖情况下的围护结构受力变形机理，分析得出非平衡荷载情况与常规对称荷载情况的差异。

（4）依托 PLAXIS 2D 有限元软件，分别对非对称开挖、两侧不平衡堆载以及两侧土质不同情况下的围护结构受力变形机理进行更为深入的研究与分析，为实际工程的设计计算和施工提供指导性意见。

参考文献

[1] Clough G W，Duncan J M. Earth Pressures [M] // Foundation Engineering Handbook. Springer US，1991：223-235.

[2] Terzaghi K. LARGE RETAINING-WALL TESTS. I. PRESSURE OF DRY SAND [J]. Engineering News-Record，1900，102.

[3] Bang S. Active Earth Pressure Behind Retaining Walls [J]. Journal of Geotechnical Engineering，1985，111 (3)：407-412.

[4] Sherif M A，Fang Y，Sherif R I. KA and Ko Behind Rotating and Non-Yielding Walls [J]. Journal of Geotechnical Engineering，1984，110 (1)：41-56.

[5] Fang Y，Ishibashi I. Static Earth Pressures with Various Wall Movements [J]. Journal of Geotechnical Engineering，1994，120 (8)：1307-1323.

[6] Fang Y S，Ho Y C，Chen T J. Passive Earth Pressure with Critical State Concept [J]. Journal of Geotechnical & Geoenvironmental Engineering，2002，128 (8)：651-659.

[7] 徐日庆，陈页开，杨仲轩，等. 刚性挡墙被动土压力模型试验研究 [J]. 岩土工程学报，2002，24 (5)：569-575.

[8] 周应英，任美龙. 刚性挡土墙主动土压力的试验研究 [J]. 岩土工程学报，1990，12 (2)：19-26.

[9] 岳祖润，彭胤宗，张师德. 压实黏性填土挡土墙土压力离心模型试验 [J]. 岩土工程学报，1992，14 (6)：90-96.

[10] Chang M F. Lateral earth pressures behind rotating walls [J]. Canadian Geotechnical Journal, 2011, 34 (4): 498-509.

[11] 龚慈，魏纲，徐日庆. RT 模式下刚性挡墙土压力计算方法研究 [J]. 岩土力学，2006，27 (9)：1588-1592.

[12] 徐日庆，龚慈，魏纲，等. 考虑平动位移效应的刚性挡土墙土压力理论 [J]. 浙江大学学报（工学版），2005，39 (1)：119-122.

[13] 胡俊强，张永兴，陈林，等. 非极限状态挡土墙主动土压力研究 [J]. 岩土工程学报，2013，35 (2)：381-387.

[14] 黄斌，杨洪，何晓民. 非极限状态主动土压力的研究 [J]. 长江科学院院报，2007，24 (4)：46-49.

[15] 卢坤林，杨扬. 非极限主动土压力计算方法初探 [J]. 岩土力学，2010，31 (2)：615-619.

[16] 杨泰华，贺怀建. 考虑位移效应的土压力计算理论 [J]. 岩土力学，2010，31 (11)：3635-3639.

[17] 杨泰华，贺怀建. 黏性土基于强度折减法的位移土压力理论 [J]. 岩土力学，2009，30 (S2)：194-197.

[18] 徐日庆，廖斌，吴渐，等. 黏性土的非极限主动土压力计算方法研究 [J]. 岩土力学，2013，34 (1)：163-172.

[19] 陈奕柏，柯才桐，高洪波，等. 考虑变位影响的刚性挡墙非极限土压力研究 [J]. 岩石力学与工程学报，2015，34 (5)：1060-1070.

[20] 梅国雄，宰金珉. 考虑位移影响的土压力近似计算方法 [J]. 岩土力学，2001，22 (1)：83-85.

[21] MEI G, CHEN Q, SONG L. Model for predicting displacementdependent lateral earth pressure [J]. Canadian Geotechnical Journal, 2009, 46 (8): 969-975.

[22] 张吾渝，李宁波. 非极限状态下的土压力计算方法研究 [J]. 青海大学学报，1999 (4)：8-11.

[23] 陈页开，汪益敏，徐日庆，等. 刚性挡土墙主动土压力数值分析 [J]. 岩石力学与工程学报，2004，23 (6)：989-995.

[24] 卢国胜. 考虑位移的土压力计算方法 [J]. 岩土力学，2004，25 (4)：586-589.

[25] 谢涛，罗强，张良，等. 基于 Rankine 模型的墙体位移-土压力近似计算 [J]. 岩石力学与工程学报，2017，36 (5)：1279-1288.

[26] Thasnanipan N, Maung A W, Tanseng P, et al. Performance of a Braced Excavation in Bangkok Clay, Diaphragm Wall Subject to Unbalanced Loading Conditions [J]. In: Thirteenth Southeast Asian geotechnical conference, Taipei, Taiwan, ROC, 1998: pp 655. 5-660. 5.

[27] Tanseng P, Namwiset V. Behavior of soil-cement column wall with top-down support system for unbalanced deep excavation in soft clay [C]// National Convention on Civil Engineering. 2013.

[28] 姚爱军，张新东. 不对称荷载对深基坑围护变形的影响 [J]. 岩土力学，2011 (S2)：386-390+396.

[29] 石钰锋，阳军生，白伟，等. 紧邻铁路偏压基坑围护结构变形与内力测试分析 [J]. 岩石力学与工程学报，2011，30 (4)：826-833.

[30] 吕小军，杨琪，钱德玲，等. 非对称超载条件下深基坑支护结构的变形分析 [J]. 合肥工业大学学报自然科学版，2012，35 (6)：809-813.

[31] 郑刚，宗超，曾超峰，等. 非对称基坑分部降水开挖引起的围护结构变形性状 [J]. 岩土工程学报，2013，35 (增 2)：550-554.

[32] 刘波，席培胜. 某紧邻既有高速公路偏压深基坑开挖效应分析 [J]. 建筑结构，2015，45 (6)：93-98.

[33] 刘波，席培胜，章定文. 偏压作用下非等深基坑开挖效应数值分析 [J]. 东南大学学报（自然科

学版)，2016，46 (4)：853-859.
[34] 程群，刘芳玲，王强. 坑边不均衡堆载对基坑围护结构及周边环境影响分析 [J]. 施工技术，2015，44 (19)：68-73.
[35] 阳吉宝，谷远明，阳双桂. 偏压荷载对某地铁连通道基坑支护设计的影响分析 [J]. 工程勘察，2015，(11)：26-31.
[36] 汪东林，汪磊. 紧邻既有高速公路偏压地铁深基坑围护结构变形监测与数值模拟研究 [J]. 建筑结构，2015，45 (11)：91-95.
[37] 林刚，徐长节，蔡袁强. 不平衡堆载作用下深基坑开挖支护结构性状研究 [J]. 岩土力学，2010，31 (8)：2592-2598.
[38] 蔡袁强，李碧青，徐长节. 挖深不同情况下基坑支护结构性状研究 [J]. 岩土工程学报，2010，32 (s1)：28-31.
[39] 徐长节，成守泽，蔡袁强，等. 非对称开挖条件下基坑变形性状分析 [J]. 岩土力学，2014，35 (7)：1929-1934.
[40] 喻军，鲁嘉，龚晓南. 考虑围护结构位移的非对称基坑土压力分析 [J]. 岩土工程学报，2012，34 (S1)：24-27.
[41] 庞小朝，刘国楠，陈湘生，等. 偏压基坑多点支撑支护结构设计与计算 [J]. 建筑结构，2010，40 (7)：106-108.
[42] 徐长节，殷铭，胡文韬. 非对称开挖基坑支撑式围护结构解析解 [J]. 岩土力学，2017，38 (8)：2306-2312.

第 2 章　非平衡荷载作用下考虑围护结构侧向位移的非极限土压力计算方法

2.1　概述

土压力是土体因自重或外荷载作用对围护结构产生的侧向压力，是土与围护结构相互作用的结果，与围护结构的形式、刚度、变位、土与结构的接触条件以及围护结构受到的约束等密切相关。合理确定作用在围护结构上的土压力大小与分布，一直是土木工程中的一个重要研究课题，也是一个非常实际的工程问题。正确确定围护结构上土压力的大小，是深基坑开挖合理设计与施工的重要前提，也是确保工程项目安全性和经济性的基础。在土体变形达到极限状态之前，土压力的大小是难以确定的；在土体达到极限状态时，由于变形土体内各点很难同时达到极限平衡状态，土压力计算也有一定程度的不确定性。因此，土压力至今仍难以用理论计算得出十分精确的解答。

经典的库仑土压力理论与朗肯土压力理论因其计算简单，力学概念明确得到了工程界的广泛应用，但均建立在围护结构前后的土体达到极限平衡状态的基础上。但是对于非平衡基坑，由于非平衡荷载的作用，基坑围护结构的变形情况将比普通基坑更为复杂。若采用传统的极限状态土压力计算方法，可证明当 $h_1 \neq h_2$ 时，对两侧求得的支撑轴力有 $F_1 \neq F_2$，与实际情况（$F_1 = F_2$）矛盾，如图 2.1 所示，因此极限状态土压力计算方法无法用于非平衡荷载作用下基坑围护结构的整体受力分析。此外，在实际工程中，围护结构的变形控制要求一般较为严格，往往无法达到土体的极限平衡状态，尤其是实际的被动侧的土压力往往与极限状态相差较大。因此，需要对基于位移修正的土压力计算方法进行研究，建立非平衡荷载作用下考虑围护结构侧向位移的非极限土压力计算方法是对受非平衡作用的基坑围护结构进行合理受力分析的重要前提。

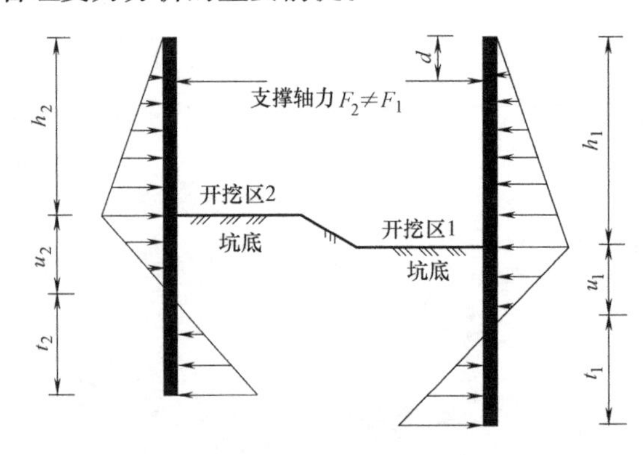

图 2.1　传统土压力模式无法用于非平衡基坑的计算（以非对称开挖基坑为例）

对基于土体位移的非极限土压力计算，有学者[1-3]从墙后土体应力-应变关系的角度出发，也有学者及设计规范[4-8]直接假定土压力与位移满足某种关系。然而，上述理论公式由于参数不易确定，无法简便地用于围护结构的设计计算。针对实际工程中围护结构容许位移较小的情况，同时考虑公式的实用性，本章近似假定围护结构上的侧向土压力系数与位移呈线性关系，对土压力进行修正，以运用于非对称开挖基坑围护结构的设计计算中。

2.2 主动土压力计算方法

如图 2.2 所示，假设围护结构与土体发生共同变形。在转动点 O 处，由于位移 s 为 0，侧向土压力系数取静止土压力系数 K_0。在 s 达到土体主动极限位移 s_a 时，侧向土压力系数取主动土压力系数 K_a。假定在主动极限位移 s_a 和零位移之间，侧向主动土压力系数 k_a 与土体位移 s 呈线性关系（图 2.3），则可得转动点 O 与桩顶之间任一处土体的位移对应的侧向主动土压力系数：

$$k_a=\begin{cases} k_1 s+K_0=\dfrac{K_a-K_0}{s_a}s+K_0, s\leqslant s_a \\ K_a, s>s_a \end{cases} \tag{2.1}$$

式中，k_1 为图 2、3 中 0 至 s_a 直线段的斜率，K_a 为库仑土压力理论侧向主动土压力系数：

$$K_a=\frac{\cos^2\varphi}{(\cos\delta+\sqrt{\sin(\delta+\varphi)\cos\delta\sin\varphi})^2} \tag{2.2}$$

式中，δ 为围护结构与土体间的外摩擦角。

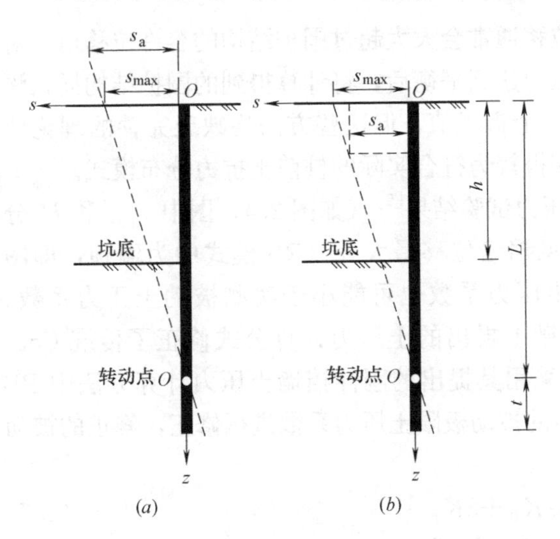

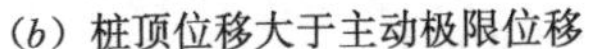

图 2.2 围护结构位移模型

（a）桩顶位移小于等于主动极限位移；

（b）桩顶位移大于主动极限位移

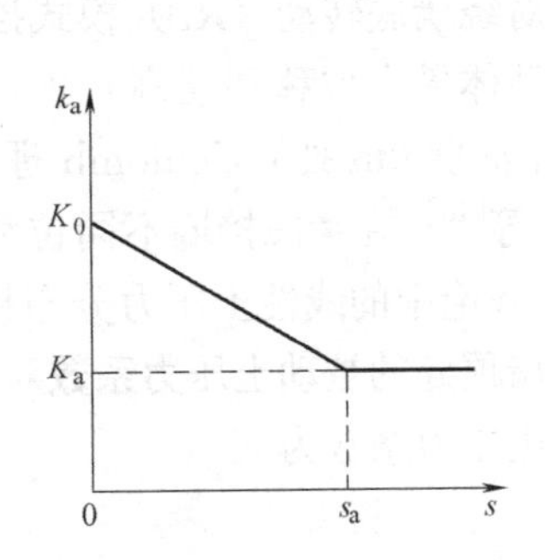

图 2.3 侧向主动土压力系数与土体位移关系

由式（2.1）可得对应任一土体位移的主动土压力公式为：

$$p_a=k_a\bar{\gamma}z=\begin{cases}\left((K_a-K_0)\dfrac{s}{s_a}+K_0\right)\bar{\gamma}z, s\leqslant s_a\\ K_a\bar{\gamma}z, s>s_a\end{cases} \tag{2.3}$$

由图 2.2（a）位移模型可建立土体位移 s 与围护结构的联系：

$$s=\frac{s}{s_{max}}s_{max}=\frac{L-z}{L}s_{max} \tag{2.4}$$

式中，s_{max} 为桩顶位移。

对图 2.2（a）所示情况，将式（2.4）代入式（2.3）可得围护结构上的侧向主动土压力沿深度方向的分布：

$$p_a=(K_a-K_0)\frac{L-z}{L}\frac{s_{max}}{s_a}\bar{\gamma}z+K_0\bar{\gamma}z \tag{2.5}$$

对图 2.2（b）所示情况，则需根据式（2.3）对围护结构上的侧向主动土压力进行分段计算：

$$p_a=\begin{cases}K_a\bar{\gamma}z, 0\leqslant z\leqslant L\left(1-\dfrac{s_a}{s_{max}}\right)\\ \left(K_0-(K_0-K_a)\dfrac{s_{max}}{s_a}\dfrac{L-z}{L}\right)\bar{\gamma}z, L\left(1-\dfrac{s_a}{s_{max}}\right)\leqslant z\leqslant L\end{cases} \tag{2.6}$$

2.3 被动土压力计算方法

在基坑工程中，被动极限状态所需的位移通常会大大超过围护结构的容许位移值。对此，常用的经验方法是在主、被动极限土压力达到平衡后，将计算得到的围护结构插入深度取一定的经验值，或者对被动土压力取一个折减值，但这些方法均缺乏完善的理论依据。本章通过对被动土压力系数进行修正获得较为符合实际的桩前土抗力分布模式。

对绕墙底转动（RB）模式挡墙被动土压力试验结果[9]（如图 2.4，图中 s_{max} 和 H 分别为墙体最大位移和墙高）进行分析，可见挡墙位移最大处（RB 模式中为墙顶，即图 2.4 中深度 0m 处）Coulomb 理论的被动土压力系数也可能小于实测被动土压力系数。Peng 等[10] 在考虑挡墙不同位移模式的基础上提出的土压力计算公式修正了传统 Coulomb 理论中的线性土压力分布模式，本章采用其提出的刚性挡墙土压力计算方法中 RB 模式墙顶处的被动土压力系数对本章计算中的被动极限土压力系数进行修正，修正的被动极限土压力系数为 K_p'：

$$K_p'=-2K_0+3K_p \tag{2.7}$$

式中，K_p 为库仑土压力理论侧向被动土压力系数：

$$K_p=\frac{\cos^2\varphi}{(\cos\delta-\sqrt{\sin(\delta+\varphi)\cos\delta\sin\varphi})^2} \tag{2.8}$$

与前文主动土压力同理，由图 2.5 可得转动点 O 与坑底之间任一处土体位移对应的侧向被动土压力系数为：

$$k_{\mathrm{p}}=k_{2}\cdot s+K_{0}=\frac{K_{\mathrm{p}}'-K_{0}}{s_{\mathrm{p}}}\cdot s+K_{0} \tag{2.9}$$

式中，k_2 为图 2.5 中 0 至 s_p 直线段的斜率。

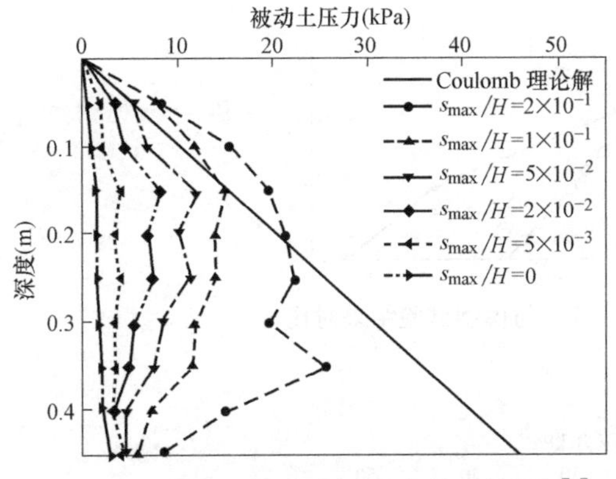

图 2.4　绕墙底转动模式下被动土压力分布[9]

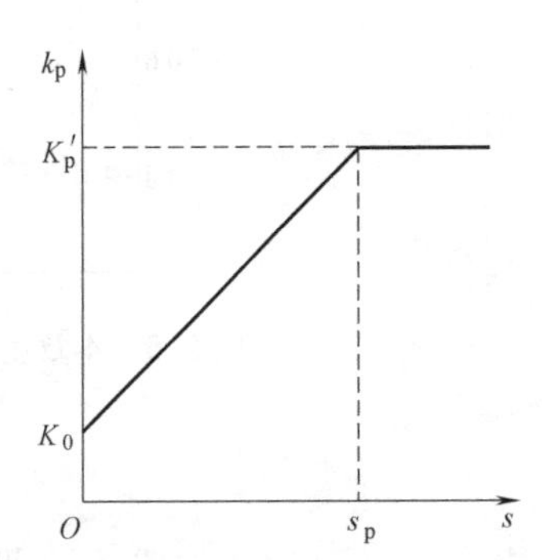

图 2.5　侧向被动土压力系数与土体位移关系

由式（2.9）可得对应任一土体位移的被动土压力计算公式：

$$p_{\mathrm{p}}=k_{\mathrm{p}}\bar{\gamma}(z-h)=\left((K_{\mathrm{p}}'-K_{0})\frac{s}{s_{\mathrm{p}}}+K_{0}\right)\bar{\gamma}(z-h) \tag{2.10}$$

将式（2.4）、式（2.7）代入式（2.10）得围护结构上的侧向被动土压力沿深度方向的分布：

$$p_{\mathrm{p}}=\left(3(K_{\mathrm{p}}-K_{0})\frac{L-z}{L}\frac{s_{\max}}{s_{\mathrm{p}}}+K_{0}\right)\bar{\gamma}(z-h) \tag{2.11}$$

2.4　计算方法验证与分析

为对本章提出的土压力修正方法进行验证，将本章方法的计算结果与 Fang 等[9,11] RB 模式下的主动土压力与被动土压力模型试验结果（刚性墙，砂土）以及陆培毅等[12]针对单支撑围护的室内模型试验结果进行对比。主动土压力模型试验当中，挡土墙高度 $H=0.96\mathrm{m}$，重度 $\gamma=15.4\mathrm{kN/m^3}$，内摩擦角 $\varphi=34°$，墙背与填土间的摩擦角 $\delta=17°$。被动土压力模型试验当中，$H=0.45\mathrm{m}$，$\gamma=15.5\mathrm{kN/m^3}$，$\varphi=30.9°$，$\delta=19.2°$。主动、被动极限状态的土体位移记作 s_a、s_p，根据试验数据取 $s_a=1.5‰H$，$s_p=15\%H$。单支撑围护土压力试验中，围护结构深度 $L=195\mathrm{cm}$，开挖深度 $H=90\mathrm{cm}$，重度 $\gamma=16\mathrm{kN/m^3}$，内摩擦角 $\varphi=31°$，s_a、s_p 根据试验数据取 $s_a=1‰L$，$s_p=5\%H$。与 Fang 等主动、被动土压力的对比结果分别如图 2.6、图 2.7 所示，与陆培毅等单支撑围护土压力试验结果对比如图 2.8 所示。可见，本章的土压力修正方法由于考虑了墙体的变位模式，与 Coulomb 土压力理论解相比可更准确地反映主动土压力与被动土压力的非线性分布以及土压力的大小，对于单支撑围护的基坑也有较好的适用性。

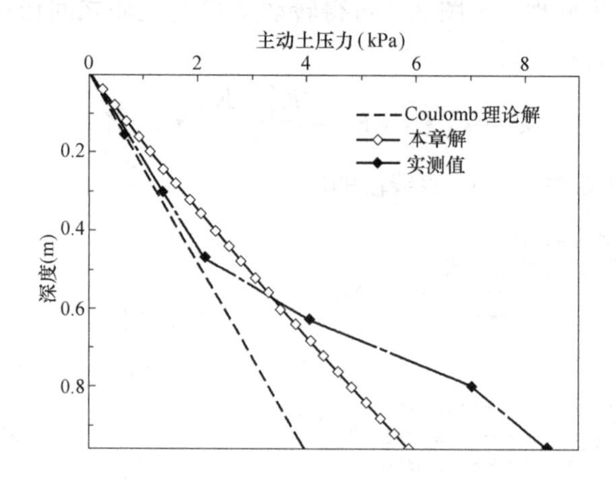

图 2.6　本章主动土压力理论解答与模型试验结果对比

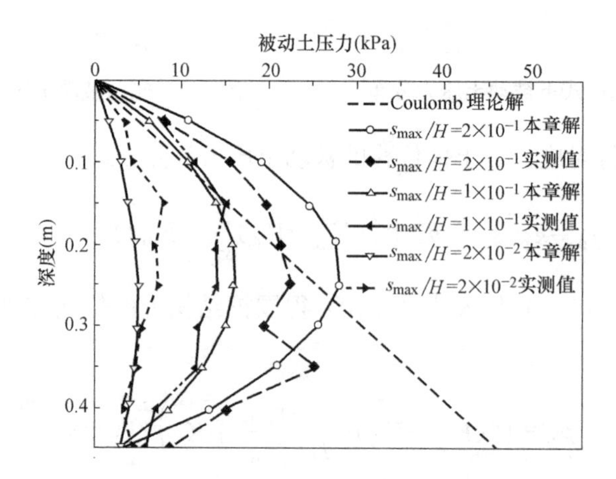

图 2.7　本章被动土压力理论解答与模型试验结果对比

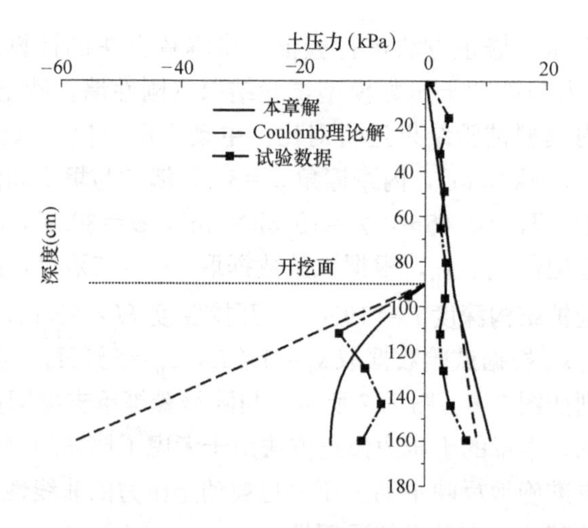

图 2.8　本章土压力理论解答与基坑模型土压力试验结果对比

2.5 本章小结

本章介绍了一种简便实用的可考虑位移影响的土压力修正方法。通过对作用于围护桩上的侧向土压力的主动以及被动土压力系数进行合理修正，建立了基于位移修正的土压力理论，从而可以考虑围护结构变形对作用在围护结构上土压力的影响。传统的 Coulomb 解答是变形达到土体极限位移时的一个特例，而本章提供的土压力计算方法可以应用于非平衡荷载作用下基坑围护结构的受力计算，较传统土压力计算方法更符合工程实际。

基于本章介绍的基于位移修正的土压力计算方法，可以进一步对非对称开挖基坑的整体受力进行计算分析，该部分内容将在下一章节进行介绍。

参考文献

[1] 陈奕柏，柯才桐，高洪波，等. 考虑变位影响的刚性挡墙非极限土压力研究 [J]. 岩石力学与工程学报，2015，34 (5)：1060-1070.

[2] 谢涛，罗强，张良，等. 基于 Rankine 模型的墙体位移-土压力近似计算 [J]. 岩石力学与工程学报，2017，36 (5)：1279-1288.

[3] 谢涛，罗强，张良，等. Coulomb 模型下考虑墙体侧向位移的土压力计算 [J]. 岩土工程学报，2018，40 (1)：194-200.

[4] Duncan J M，Mokwa R L. Passive earth pressures：theories and tests [J]. Journal of Geotechnical and Geoenvironmental Engineering，2001，127 (3)：248-257.

[5] Mei G，Chen Q，Song L. Model for predicting displacement-dependent lateral earth pressure [J]. Canadian Geotechnical Journal，2009，46 (8)：969-975.

[6] Mei G X，Chen R，Liu J. New Insight into Developing Mathematical Models for Predicting Deformation-Dependent Lateral Earth Pressure [J]. International Journal of Geomechanics，2017，17 (8)：06017003.

[7] Zhang Z M，Fang K，Liu X W. Simplified Method of Active Earth Pressure for Special Inner Support Structure [J]. Advanced Materials Research，2011，163-167：4520-4523.

[8] Ni P，Mei G，Zhao Y. Displacement-Dependent Earth Pressures on Rigid Retaining Walls with Compressible Geofoam Inclusions：Physical Modeling and Analytical Solutions [J]. International Journal of Geomechanics，2017，17 (6)：04016132.

[9] Fang Y S，Ho Y C，Chen T J. Passive Earth Pressure with Critical State Concept [J]. Journal of Geotechnical & Geoenvironmental Engineering，2002，128 (8)：651-659.

[10] Peng S Q，Xi-bing L I，Fan L，et al. A general method to calculate passive earth pressure on rigid retaining wall for all displacement modes [J]. Transactions of Nonferrous Metals Society of China，2012，22 (6)：1526-1532.

[11] Fang Y，Ishibashi I. Static Earth Pressures with Various Wall Movements [J]. Journal of Geotechnical Engineering，1994，120 (8)：1307-1323.

[12] 陆培毅，严驰，刘润. 黏性土基于室内模型试验土压力分布形式的研究 [J]. 土木工程学报，2002，23 (2)：84-88.

第3章　非对称开挖基坑围护结构解析计算方法

3.1　概述

如本书1.1节非平衡荷载的典型类型划分所述，本章将从解析角度介绍可用于两侧挖深差异类的“非对称开挖”情况下（图3.1）的基坑围护结构计算方法。随着我国地下空间建设的快速发展，非对称开挖的基坑越来越常见。对于非对称基坑，现行《建筑基坑支护技术规程》[1] 规定通过支撑不动点系数进行0～1之间的调整，但支撑不动点系数值具体如何取值缺乏理论依据。在常用的基坑设计计算方法中，等值梁法因模型简单、力学概念明晰、便于计算，被工程界广泛采用，可直接求解得到围护结构的插入深度。当采用单边等值梁方法进行受力计算时（图3.1），可证明当 $h_1 \neq h_2$ 时，对两侧求得的支撑轴力有 $F_1 \neq F_2$，与工程实际矛盾。尽管弹性地基梁法和有限元法日益受到国内外工程界的重视，但都需事先给定围护结构的插入深度。基坑两侧开挖深度的不同将导致基坑围护结构上两侧受到的土压力分布不同，从而使得两侧围护结构内力分布不对称，两侧所需的插入深度也将有所不同，需要对非对称基坑的围护结构进行整体受力分析。此时，常用的等值梁法、弹性地基梁法以及有限元法都不再适用。

针对实际基坑工程中越来越普遍的非对称开挖情况，目前已有一些研究成果。但由于非对称围护结构受力的复杂性，一般采用数值研究和现场实测的研究方法（详见本书1.3节）。通过理论方法对非对称开挖的基坑围护结构进行研究的，仍较少有文献报道。

本章针对非对称开挖情况下围护结构相对土体刚度较大的情况，通过变形控制设计，基于第2章提出的土压力修正计算方法，在对围护结构以及内支撑结构的受力体系进行整体分析的基础上，获得了可用于两侧挖深不同情况的内撑式刚性围护结构设计计算的解析解，并进一步分析了土体内摩擦角、支撑刚度、基坑的非对称开挖程度对围护结构插入比的影响。该方法简便可行，可应用于非对称开挖情况下围护结构的设计与计算。

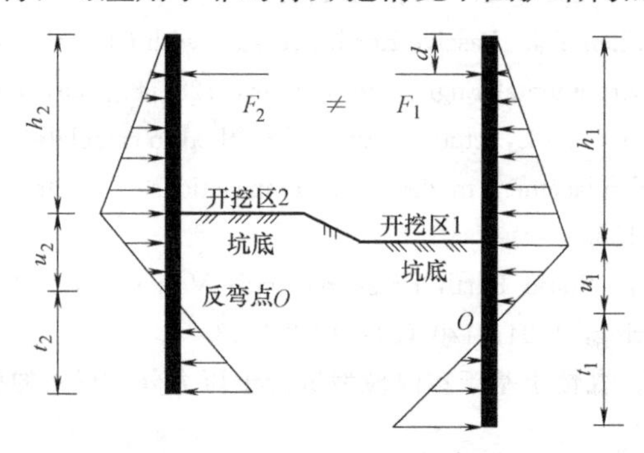

图3.1　经典等值梁法不适用于非对称开挖情况

3.2 设计计算方法

将本书第 2 章提出的土压力修正公式运用于两侧开挖深度不同的围护结构的整体受力分析，如图 3.2 所示。

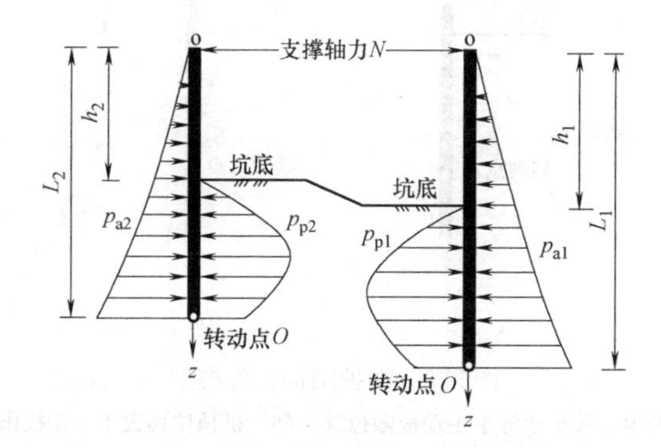

图 3.2 围护结构受力分析示意图

通过在两侧围护结构转动点 O 处分别建立力矩平衡方程，可解得横向支撑轴力与两侧桩长 L_1，L_2 的关系，对图 3.3（a）情况有：

$$N_i=\frac{1}{L_i}\left(\int_0^{L_i}\left(K_0-(K_0-K_a)\frac{s_{max}}{s_a}\frac{L_i-z}{L_i}\right)\bar{\gamma}z(L_i-z)\mathrm{d}z-\right.$$
$$\left.\int_{h_i}^{L_i}\left(3(K_p-K_a)\frac{L_i-z}{L_i}\frac{s_{max}}{s_p}+K_0\right)\bar{\gamma}(z-h_i)(L_i-z)\mathrm{d}z\right) \tag{3.1}$$

对图 3.3（b）情况有：

$$N_i=\frac{1}{L_i}\left(\int_0^{L_i(1-s_a/s_{max})}K_a\bar{\gamma}z\cdot(L_i-z)\mathrm{d}z+\right.$$
$$\int_{L_i(1-s_a/s_{max})}^{L_i}\left(K_0-(K_0-K_a)\frac{s_{max}}{s_a}\frac{L_i-z}{L_i}\right)\bar{\gamma}z(L_i-z)\mathrm{d}z- \tag{3.2}$$
$$\left.\int_{h_i}^{L_i}\left(3(K_p-K_a)\frac{L_i-z}{L_i}\frac{s_{max}}{s_p}+K_0\right)\bar{\gamma}(z-h_i)(L_i-z)\mathrm{d}z\right)$$

式中，需要说明的是，由于实际工程中围护结构容许位移较小，当土体从静止位置发生不大的位移时土压力变化较快，而本章为了公式的简单实用性考虑土压力系数与位移呈线性关系，因此建议主动极限位移和被动极限位移取较小值，建议 s_a 取 $0.001\sim0.005L$，s_p 取 $0.01\sim0.05(L-h)$，也可通过试验结果测定[2-5]；桩顶位移 s_{max} 为围护结构的容许位移值［Δ］，即

$$s_{max}=[\Delta] \tag{3.3}$$

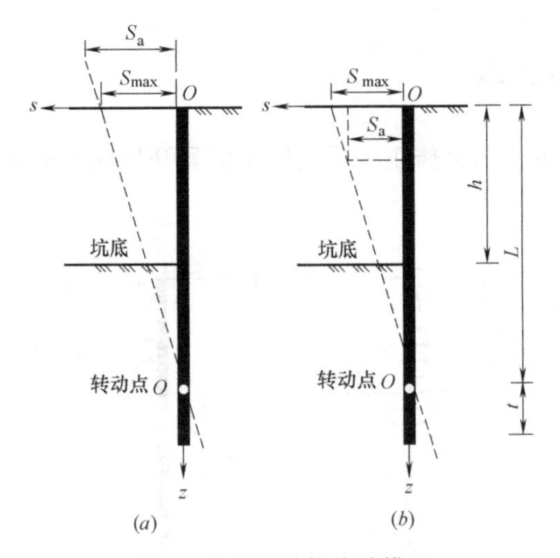

图 3.3　围护结构位移模型

（a）桩顶位移小于等于主动极限位移；（b）桩顶位移大于主动极限位移

又由于支撑位于桩顶，可得支撑压缩量为左右两侧桩顶位移之和，即：

$$\Delta s = 2s_{\max} = 2[\Delta] \tag{3.4}$$

假设支撑为弹性变形，则由应力应变关系可得支撑轴力为：

$$N = \frac{\Delta s}{B} \cdot E \cdot A \cdot \frac{b}{S} \tag{3.5}$$

式中，B 为支撑的计算长度（m），E 为支撑材料的弹性模量（kN/m^2），A 为支撑的截面积（m^2），S 为支撑的水平间距，b 为模型的平面计算宽度，本章中假定为 1m。

由整体围护结构的受力平衡，将式（3.1）或式（3.2）、式（3.4）代入式（3.6）可解得非对称开挖情况下基坑的两侧桩长 L_1，L_2：

$$N_1 = N_2 = N \tag{3.6}$$

通过如图 3.4 所示的算法可获得围护结构的两侧桩长。

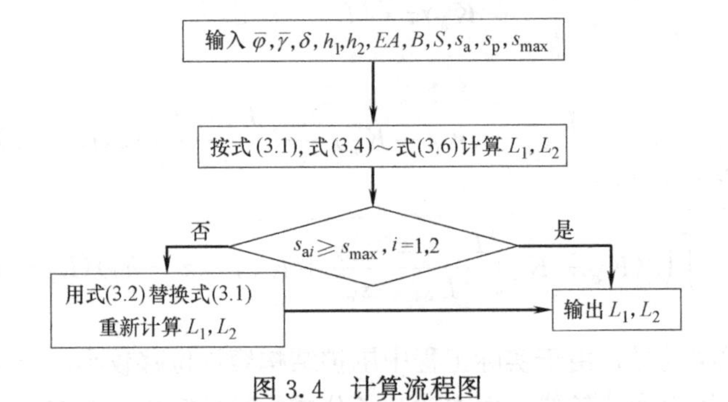

图 3.4　计算流程图

3.3　设计计算方法验证与分析

以 h_1=8m，h_2=6m 为例，采用表 3.1 所示的土体参数和表 3.2 所示的支撑布置参数进行算例分析。围护结构的容许位移值［Δ］取5cm，实际工程中可参照当地行业规范中的最大水平位移限值选取。通过如图3.3所示的算法，用Maple计算软件求解得到围护结构浅侧、深侧桩长分别为10.4m，17.0m。以浅侧为例绘出围护结构上土压力的分布情况，并与Coulomb理论解进行对比，如图3.4所示。

土体参数 **表3.1**

参数	取值	参数	取值
$\overline{\varphi}$(°)	30	K_0	0.45
$\overline{\gamma}$(kN/m^3)	18	K_a	0.31
s_a	1‰L	K_p	5.14
s_p	1%($L-h$)	δ(°)	15

支撑布置参数 **表3.2**

EA(kN)	B(m)	S(m)
1.854×10^6	30	15

由图3.5可见，采用本章计算方法所得围护结构上主动土压力沿围护结构深度呈非线性分布。由于假定围护结构变位模式为绕坑底以下一转动点转动，桩顶附近的土体位移最大，主动土压力系数最接近Coulomb极限主动土压力系数，桩顶以下土体位移逐渐减小，主动土压力系数逐渐增大，至转动点处土体位移为0，土压力为静止土压力。由于围护结构的位移值无法全部达到主动极限状态所需的位移，故本章计算结果略大于Coulomb极限状态主动土压力理论计算结果。同理，采用本章计算方法的围护结构上被动土压力同样沿围护结构深度呈非线性分布。在被动区内，由于坑底处围护结构位移最大，因此被动土压力系数最接近修正后的极限被动土压力系数。而在转动点处由于围护结构位移为0，土压力系数取静止土压力系数，土压力为静止土压力，因此被动土压力值远小于Coulomb极限状态被动土压力理论值。由于围护结构的容许位移值远小于被动极限状态所需的位移，因此被动土压力合力远小于极限状态理论计算结果。

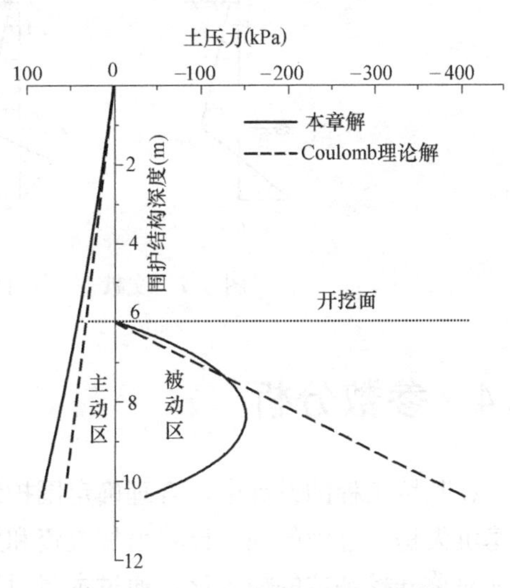

图3.5 开挖较浅侧土压力分布

在完成对两侧的整体土压力分析之后，可以得到整个体系的土压力分布模式，见图3.6，可见修正后坑底以上的主动土压力分布情况与按Coulomb理论计算的土压力分布模式相比土压力值略有增大。但坑底以下两者的分布有明显不同，由于靠近围护结构底端处位移较小，被动土压力和主动土压力均接近静止土压力系数，主动土压力值将大于被动土压力值，因此围护结构靠近底端处会产生坑内方向的土压力。由于围护结构的变位条件对土压力的影响，使得实际的土压力分布与传统土压力理论得出的结果有一定差距。对比文献[6] 归纳列举的不同嵌固类型单撑式围护结构的土压力分布图示（图 3.7），可见由本章提出的修正方法得出的土压力分布与图 3.7（c）单撑式围护下端固定的嵌固形式是类似的，并且可以体现土压力的非线性分布，更为合理。

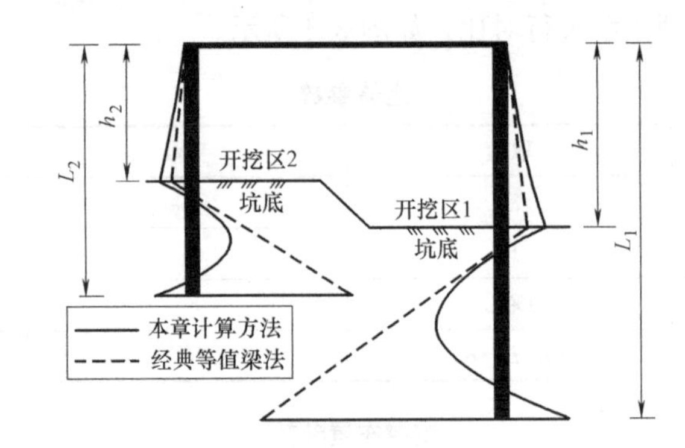

图 3.6　整个围护结构体系的土压力合力分布

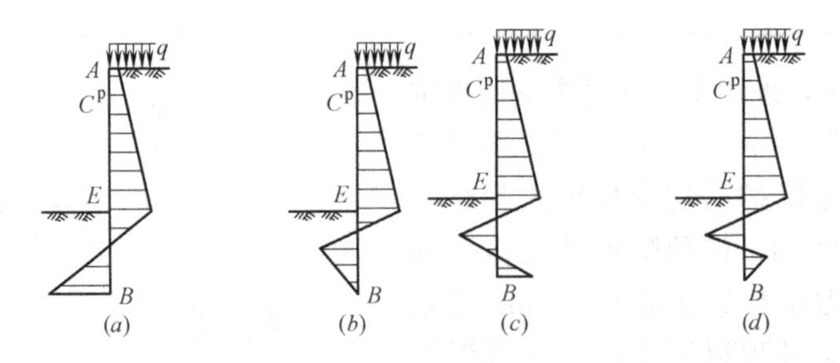

图 3.7　文献[6] 中四种类型围护结构土压力示意图

3.4　参数分析

在基坑工程的设计中，合理确定围护结构的插入比是关注的重点，过小的插入比会导致基坑失稳，过大的插入比将增加投资和施工难度。而传统的基坑设计方法无法合理地确定非对称开挖基坑的插入比，通过本章对围护结构进行整体受力分析之后获得的围护结构桩长，根据插入比的定义：基坑开挖面以下围护结构深度与基坑开挖面以上围护结构深度的比值，可得深侧、浅侧围护结构安全最小插入比分别为 $(L_1-h_1)/h_1$，$(L_2-h_2)/h_2$（下文中插入比均指围护结构安全最小插入比）。采用与 3.3 节同样的土体及围护参数对围护结构插入比进行分析。首先将本章计算方法与基坑设计的常用设计计算方法等值梁法进行对比分析。

由于本章的计算方法中，土体的等效内摩擦角将直接影响土压力系数的大小，对土压力分布将产生较大影响。因此保持其他参数不变，改变土体内摩擦角对插入比进行计算。由图 3.8 可见，本章计算方法与等值梁法计算得到的插入比随土体内摩擦角的变化趋势基本相同，均随土体内摩擦角的增大，插入比不断减小，证明了本章计算方法的合理性。图中按等值梁法计算得到的浅侧插入比大于深侧插入比，是由于其对两侧荷载不对等的情况按较不利一侧进行对称设计，即两侧桩长均按深侧进行设计计算，而浅侧开挖深度较小，因此插入比较大。本章计算方法得到的深侧插入比相对等值梁法得到的深侧插入比较大，分析原因为经典等值梁法中采用极限平衡理论对土压力进行计算，无法考虑围护结构的变位模式，使得计算得到的主动土压力值偏小，被动土压力值偏大，从而得到的插入比较实际情况偏小，即偏于不安全，且土体内摩擦角越小的情况下，经典等值梁法的计算结果越不安全。而本章的计算方法能够对围护结构进行整体分析，较经典等值梁法能够更为合理地设计非对称基坑的围护结构。

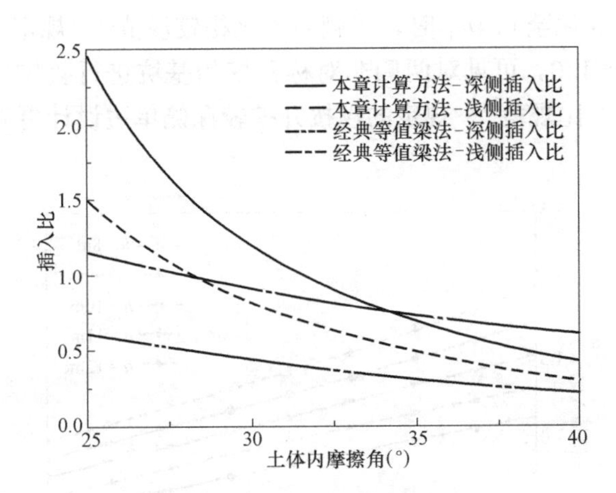

图 3.8　按本章方法、经典等值梁法计算的围护结构插入比对比（$h_1=8$m，$h_2=6$m）

保持表 3.1 及表 3.2 中其他参数不变，支撑刚度 EA 在 0.5～1.5EA 之间变化，可得两侧插入比与支撑刚度的关系如图 3.9 所示。随着支撑刚度的增大，两侧插入比不断减小，这是由于在其他参数不变的情况下，支撑刚度的增大对应支撑轴力的增大，土体需提供的被动抗力减小，因此所需插入比减小。同时，深侧插入比在支撑刚度变化的过程中始终大于浅侧插入比，且深侧插入比随轴力增大时的减小速率略小于浅侧插入比，可见在整体分析非对称基坑围护结构受力的情况下，支撑刚度的改变将对浅侧插入比造成更大的影响，而较深侧由于在非对称开挖的过程中相对起主导作用，因此受到的影响相对浅侧较小。

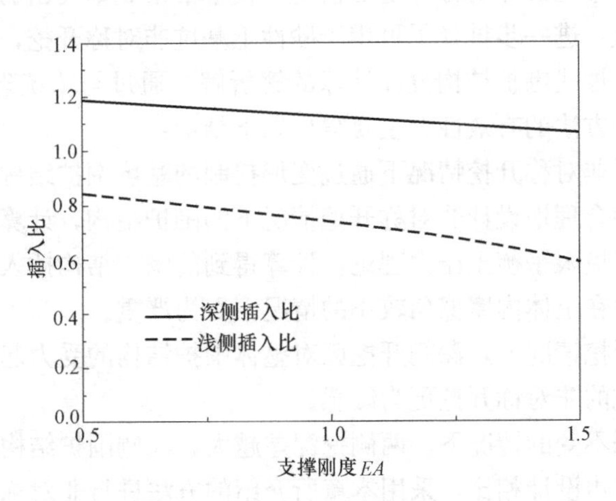

图 3.9　支撑刚度对两侧插入比的影响（$h_1=8$m，$h_2=6$m）

基于前面分析，非对称开挖将对开挖较浅侧造成更大影响，因此以浅侧插入比为例分析两侧开挖深度的差异对插入比的影响，深侧开挖深度 h_1 分别取为 8m、9m、10m、11m、12m，取 0、$0.05h_1$、$0.1h_1$、$0.15h_1$、$0.2h_1$、$0.25h_1$、$0.3h_1$、$0.35h_1$、$0.4h_1$ 作为两侧开挖深度差值（由此可得到浅侧开挖深度 h_2）。

由图 3.10 可见，随着基坑两侧挖深差 $(h_1-h_2)/h_1$ 的增大，按本章计算方法得到的浅侧围护结构插入比不断减小。对 $h_1=8\sim12$m 的五种深侧挖深，当基坑两侧挖深差 $(h_1-h_2)/h_1$ 从 $0h_1$ 变化至 $0.4h_1$ 时，浅侧插入比相较规范[1] 规定的按深侧进行单边设计的情况减小约 0.7～1.0，可见对两侧非对称开挖的基坑进行整体设计可以有效减小插入比，节约工程造价，比规范[1] 规定的仅按开挖较深侧单边设计更为合理。

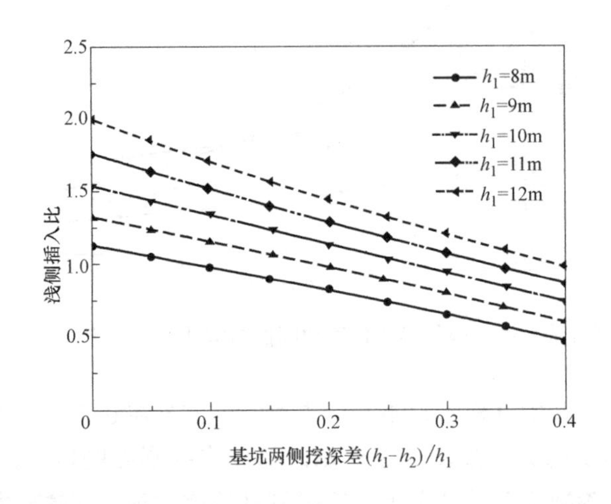

图 3.10　基坑两侧挖深差对浅侧围护结构插入比的影响

3.5　本章小结

本章基于工程中常见的非对称开挖的情况，在本书第 2 章提出的基于位移修正的土压力计算方法的基础上，进一步推导了可用于砂性土基坑非对称开挖，桩土相对刚度差异较大情况下的桩（墙）撑式围护结构设计计算的解析解。通过与传统理论计算方法的对比，验证了本章所介绍的方法的有效性。主要得出以下结论：

（1）推导得出了非对称开挖情况下通过变形控制的基坑围护结构设计计算方法，能够较经典等值梁法更为合理地设计非对称开挖情况下的围护结构，计算方法简便实用。经典等值梁法由于采用了极限平衡土压力理论，计算得到的围护结构插入比偏于不安全，且计算结果的不安全程度在土体内摩擦角较小的情况下更为严重。

（2）在非对称开挖情况下，深侧开挖区对整体围护结构的受力起主导作用，浅侧围护结构插入比将对基坑的非对称开挖更为敏感。

（3）在深侧挖深不变的情况下，两侧挖深差越大，浅侧围护结构插入比越小，与传统的仅按开挖较深侧单边设计相比，采用本章所介绍的方法进行非对称开挖围护结构整体受力分析，浅侧插入比可减小约 0.7～1.0，可以有效节约工程造价，更加经济、合理。

参考文献

[1] 中国建筑科学研究院. 建筑基坑支护技术规程 [M]. 北京：中国建筑工业出版社，2012.
[2] Duncan J M，Mokwa R L. Passive earth pressures：theories and tests [J]. Journal of Geotechnical and Geoenvironmental Engineering，2001，127 (3)：248-257.
[3] 曹海莹，武崇福. 深基坑桩锚支护体系非极限主动土压力演化特征与计算模式 [J]. 应用基础与工程科学学报，2016 (4)：766-777.
[4] Fang Y S，Ho Y C，Chen T J. Passive Earth Pressure with Critical State Concept [J]. Journal of Geotechnical & Geoenvironmental Engineering，2002，128 (8)：651-659.
[5] Fang Y，Ishibashi I. Static Earth Pressures with Various Wall Movements [J]. Journal of Geotechnical Engineering，1994，120 (8)：1307-1323.
[6] 黄运飞. 深基坑工程实用技术 [M]. 北京：兵器工业出版社，1996.

第4章 非对称开挖基坑围护结构受力变形机理的试验研究

4.1 概述

虽然实际基坑工程中越来越普遍的非对称开挖情况已逐渐引起相关学者及工程人员的重视，针对非对称开挖基坑已有一些研究成果。但由于非对称围护结构受力的复杂性，现有研究一般采用数值模拟和现场实测的研究方法（详见本书1.3节），通过模型试验对非对称开挖基坑围护结构进行研究的仍鲜有文献报道。

不少学者采用模型试验的手段对基坑开挖过程中不同类型围护结构的工作机理及破坏模式开展了研究，如陆培毅等[1] 通过室内模型试验研究了悬臂、单支撑围护的土压力分布形式；刘国楠等[2] 则采用模型试验研究了衡重式桩板墙的受力特性并提出了建议计算方法；郑刚等[3] 通过室内模型试验研究了基坑无支撑多级围护结构在开挖过程中的变形、桩身弯矩及土压力的变化情况，以及多级围护模式的破坏特征；唐德琪等[4] 通过大比尺模型试验研究了地下增层开挖过程中既有围护结构与新增围护结构的工作机理。

本章在第3章提出的非对称开挖基坑围护结构解析计算方法的基础上，进行了相应的试验研究，以期对非对称开挖基坑围护结构的受力变形机理进行实测数据分析，为理论计算方法的发展与完善提供一定的参考。

4.2 模型相似比

室内物理模拟实验中模型与原型的相似性分析是实验设计的基础，也是理解实验结果并应用于原型的关键。

相似理论主要由三大相似定理构成。第一相似定理认为：彼此相似的物理现象必须服从同样的客观规律，若该规律能用方程表示，则物理方程式必须完全相同，而且对应的相似准则必定数值相等。第二相似定理认为：现象的各物理量之间的关系，可以化为各相似准则之间的关系，即都可以表示为相似准则之间的函数关系。第三相似定理补充了第一、第二相似定理，明确了凡同一类物理现象，当单值条件相似且由单值条件中的物理量组成的相似准则对应相等时，则这些现象必定相似。根据第三相似定理，当考虑一个新的现象时，只要它的单值条件与曾经研究过的现象的单值条件相同，并且两者之间存在相等的相似准数，就可以确定它们的现象相似，从而便可以将已研究过的现象结果应用到新现象上去。第三相似定理使相似定理构成了一套完整的理论，同时也成了组织试验和进行模拟的科学方法。

因此，在工程模型试验中为了使模型结构与原型结构保持相似，必须按照相似原理推导出相似准数方程。同时，模型试验设计则应在保证这些相似准数方程成立的基础上确定出适当的相似常数。在模型试验研究中，只有当模型与原型保持相似，才能通过模型试验的结果来研究分析原型结构所研究的实验内容。

对于本章所研究的基坑围护桩，可认为是水平受荷桩。对于水平受荷桩，根据材料力学中梁的挠曲微分方程可得：

$$\frac{\mathrm{d}^4 y}{\mathrm{d}z^4}+\frac{k_y b_0}{EI}y=0 \tag{4.1}$$

式中，y 为桩身水平位移（m）；k_y 为水平抗力系数（N/m^3）；b_0 为桩身计算宽度（m）。

因此，水平受荷桩相似性应满足：

$$\left(\frac{\lambda_y}{\lambda_L^4}\right)\frac{\mathrm{d}^4 y_p}{\mathrm{d}z_p^4}+\left(\frac{\lambda_{k_y}\lambda_D\lambda_y}{\lambda_y\lambda_D^4}\right)\frac{k_{y_p}b_{0_p}}{E_p I_p}y_p=0 \tag{4.2}$$

式中，λ_y，λ_L，λ_D 均为长度比尺；λ_{k_y} 为水平抗力系数比尺。

简化可得相似性方程：

$$\frac{1}{\lambda_L^4}=\frac{\lambda_{k_y}}{\lambda_E\lambda_D^3} \tag{4.3}$$

林海等[5] 通过针对水平受荷桩的理论和数值试验结果证明了桩身自重改变或桩身材料泊松比的改变对水平受荷桩的变形影响较小，水平受荷桩 $1g$ 模型桩采用弹性模量按原型桩模量λ_L 倍缩小的材料时，模型的变形特性大致与原型相似。本章模型试验综合考虑各种试验条件，选取模型试验比尺 $\lambda_L=1/10$。模型桩参数选取如下：

（1）模型桩直径选取：取模型桩直径为 50mm，满足比尺 $\lambda_D=\lambda_L=1/10$。

（2）模型桩桩长选取：模型桩的两侧非对称桩长分别取为 0.75m 和 0.55m，满足比尺 $\lambda_L=1/10$。

（3）模型桩材料选取：混凝土的重度约为 $24kN/m^3$，钢材的重度为 $60\sim80kN/m^3$，有机玻璃的重度为 $12\sim18kN/m^3$，PVC 的重度约为 $1.4kN/m^3$；混凝土的弹性模量约为 3×10^4MPa，钢材的弹性模量约为 2×10^5MPa，有机玻璃的弹性模量约为 3×10^3MPa，PVC 的弹性模量约为 3.5×10^3MPa。因此，选择 PVC 作为模型桩材料，大致满足比尺 $\lambda_E=\lambda_L=1/10$。

对于模型试验中的土体，由于不同的颗粒级配会改变土体的物理力学性质，因此，模型土颗粒的粒径不能按几何相似比缩小，模型无法满足严格的几何相似。对于这种由土体颗粒尺寸造成的缩尺效应，有许多学者对其进行了研究。Franke 等[6] 根据 Ovesen 在砂土中进行的一系列圆形基础试验得出：当基础直径 B 与砂土的特征粒径 d_{50} 比值大于 30 时（$B/d_{50}\geqslant30$），可以忽略土颗粒不缩小的影响。Floravante[7] 进行了砂土中钻孔灌注桩的离心试验，通过开展 4 组不同桩径 B 与砂土特征粒径 d_{50} 比值的圆桩试验，验证了当 B/d_{50} 的值大于某临界值时可以忽略土颗粒的缩尺效应，且认为 B/d_{50} 临界值取 40～50 较为适宜。同样，在开展水平受荷桩缩尺模型试验时，只要能够保证模型桩的短边尺寸大于土体特征粒径 d_{50} 的一定倍数时，可以忽略土颗粒尺寸不缩小的影响，近似地认为模型满足几何相似。在本章实验中，选择 ISO 标准砂作为土体材料，其特征粒径 d_{50} 约为 0.6mm，模型桩短边尺寸为 50mm，满足上述比例，因此可以忽略土颗粒缩尺效应对试验结果的影响。

4.3 试验设备及试验材料

(1) 模型槽

室内非对称基坑模型试验如图 4.1、图 4.2 所示。模型试验槽（2600mm×1200mm×600mm），长度方向采用透明的 12mm 钢化玻璃作为观察窗，宽度方向由钢板制成，其中基坑开挖的尺寸为 1000mm×600mm（基坑开挖深度由不同组别确定），开挖范围与模型箱边界距离 800mm，保证模型箱边界不会影响主动滑裂面的分布。

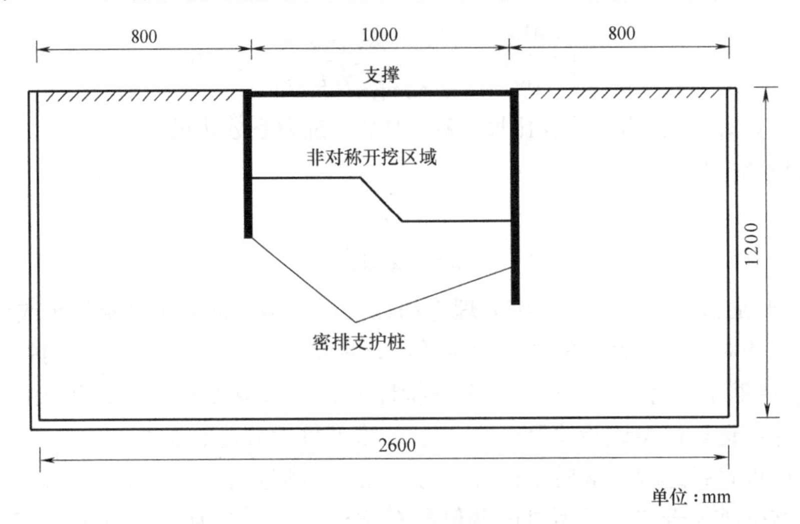

图 4.1 非对称基坑模型试验示意图（剖面图）

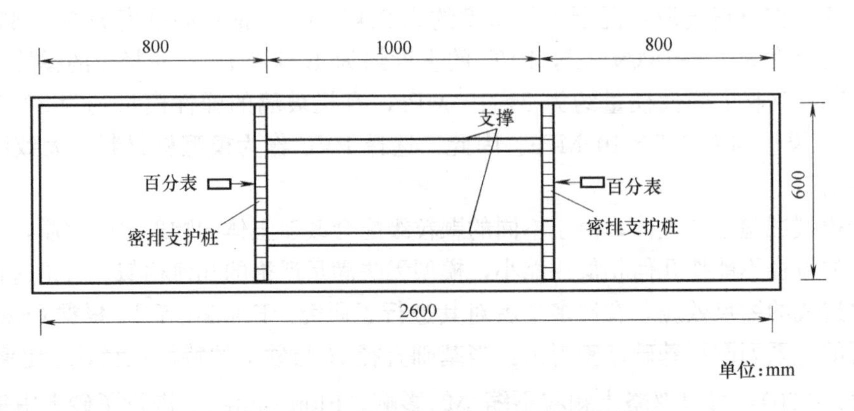

图 4.2 非对称基坑模型试验示意图（俯视图）

(2) 围护桩模型

围护桩模型采用 PVC 塑料管模拟，塑料管截面形状为矩形，截面尺寸为 50mm×50mm×2mm（长×宽×壁厚），长度根据试验方案采用多种长度规格。模型桩的桩顶位移由百分表进行量测（图 4.2），桩身弯矩通过将模型桩沿桩身剖开，在桩身内部等高处粘贴应变片进行量测，应变片采用半桥桥路进行连接。通过在模型桩前后布置电阻式微型土压力盒研究非对称开挖过程中的土压力。土压力盒直径为 28mm，厚度为 6.5mm，量程为 30kPa，精度为 0.1kPa。开挖较深侧模型桩的应变片布置图和土压力盒布置图如图 4.3、图 4.4 所示，较浅侧与较深侧布置情况基本类似，由于较浅侧模型桩长度调整为 55cm，因此应变片间距调整为 10cm，而土压力盒间距不变。由于土压力盒的竖向间距较小，因此图中围护桩被动土压力侧的土压力盒并非布置于同一根桩上，如图 4.4 中的右侧两根桩上的土压力测点均为桩的被动区测点。

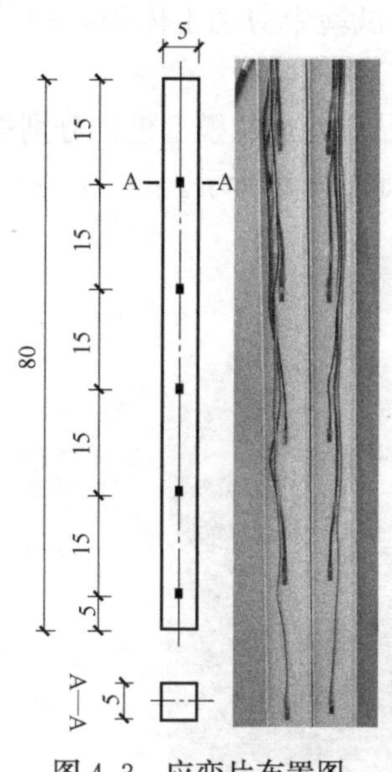

图 4.3　应变片布置图

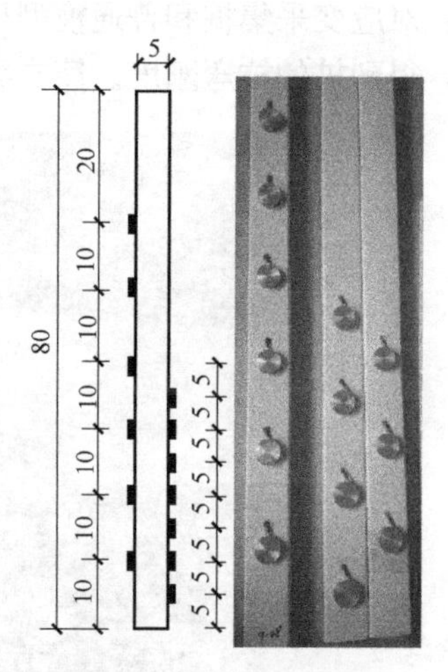

图 4.4　土压力盒布置图

(3) 支撑

为了与本书第 3 章中解析解的假设所对照，采用截面尺寸为 50mm×50mm，长度为 1m 的玻璃棉高密度泡沫材料模拟支撑，以满足围护结构刚度相对较大、支撑刚度相对较小的情况。

(4) 试验土样

试验砂土采用 ISO 水泥标准砂，试验砂土级配曲线如图 4.5 所示，$d_{60}=0.961$mm，$d_{30}=0.69$mm，$d_{10}=0.16$mm，不均匀系数和曲率系数分别为 5.87、0.92，根据土的工程分类标准，属于级配良好砂。通过人工砂雨法制备，控制砂土落距 1000mm，落砂速度约 120g/s，来回移动每层铺 5mm 直至达到需要高度。填筑完成后模型箱内土样基本参数如下：干重度为 15.0kN/m^3，相对密实度为 52%，土粒相对密度为 2.64，孔隙比为 0.72，土体内摩擦角为 31.6°。

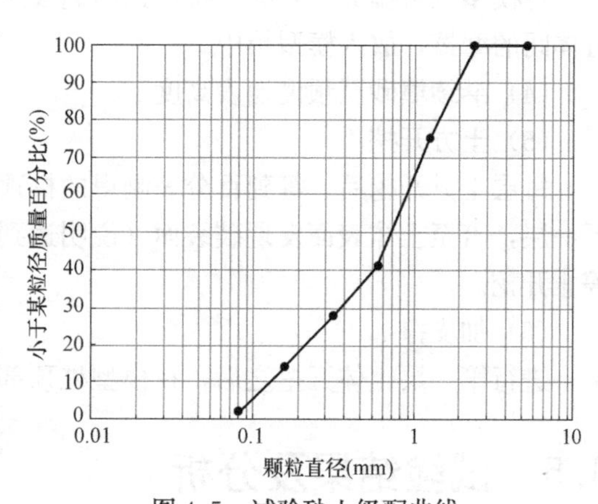

图 4.5　试验砂土级配曲线

4.4 试验过程

(1) 围护桩模型的制作和标定

制作：对于应变采集桩，将 PVC 管对中剖开，在内壁等高处粘贴应变片，应变片布置如图 4.3 所示。对于土压力采集桩，将 PVC 管对中剖开，在围护桩外壁粘贴土压力盒，将导线从预制的孔洞中穿入（以防土压力盒的导线在试验中剪切土体导致测量数据不准确）。在完成应变片以及土压力盒的粘贴之后，将 PVC 管粘合。

标定：对应变采集桩和普通模型桩（即不剖开粘贴应变片的模型桩）分别进行简支梁加载试验，得到桩的抗弯刚度。简支梁加载试验装置如图 4.6 所示。

图 4.6　简支梁加载试验装置

(2) 填砂

通过人工砂雨法将砂填到模型箱中预设的桩底高度处。

(3) 排桩的制作

将模型桩密排成整齐的一排，在两侧模型围护桩上粘贴聚四氟乙烯薄膜以减小侧壁与桩体间的摩擦，放入模型箱中。

(4) 继续填砂至预设地表高度

(5) 土方开挖

每层土方开挖后，等到百分表测得的桩顶位移稳定之后（变化率接近于 0）继续开挖下一层，直至土体表面发现破裂面（说明达到主动极限状态）或是达到预设的开挖深度时停止开挖。

(6) 加支撑

进行第一层土体开挖之后，在模型桩顶部架设支撑。

4.5 试验结果及分析

由于不同组别试验得到的试验结果大致相似，限于篇幅原因，以下以一典型组别为例

(浅侧开挖深度为 30cm，深侧开挖深度为 45cm)，进行非对称开挖基坑围护结构受力变形机理的试验结果分析。

4.5.1 抗弯刚度标定结果

基于简支梁纯弯加载试验得到的桩身应变，通过材料力学公式计算模型桩的抗弯刚度 EI，对模型桩的抗弯刚度进行标定：

$$\frac{M_y}{EI}=\varepsilon \tag{4.4}$$

标定试验表明：应变采集桩抗弯刚度为 576N·m²，普通模型桩抗弯刚度为 578N·m²，应变采集桩与普通模型桩的加载试验结果基本没有区别。在本实验的后续计算中，取模型桩抗弯刚度为两者平均值 577N·m²。

4.5.2 桩顶位移变化规律

图 4.7 为基坑开挖过程中桩顶位移随基坑开挖深度的变化曲线。在基坑开挖深度为 10cm、20cm、30cm 时，基坑两侧开挖深度相同，但由于两侧围护结构桩长不同，因此两侧围护结构的桩顶位移并不相同。由图可见，在开挖深度 $H=20$cm 以及 $H=30$cm 时，桩长较长的一侧比桩长较短的一侧桩顶位移大，这可能与桩底未嵌入坚硬土层有关。且在开挖 20cm 至 30cm 层的过程中，观察到桩长较短侧的围护结构桩顶位移迅速增加，并曾达到 0.83mm，但之后由于支撑推力的作用，该侧桩长最终恢复至 0.41mm。出现该现象的原因主要是由于存在支撑的作用，由于两侧支撑作用力相同，而桩长较短侧的围护结构能够提供的反力相对较小，因此桩长较长侧将会对桩长较短侧形成“推回位移”。在后续非对称开挖的过程中，深侧（桩长较长侧）围护结构的桩顶位移持续增大，浅侧（桩长较短侧）围护结构的桩顶位移略有增大，在非对称开挖至 $H=35$cm、40cm、45cm 时，浅

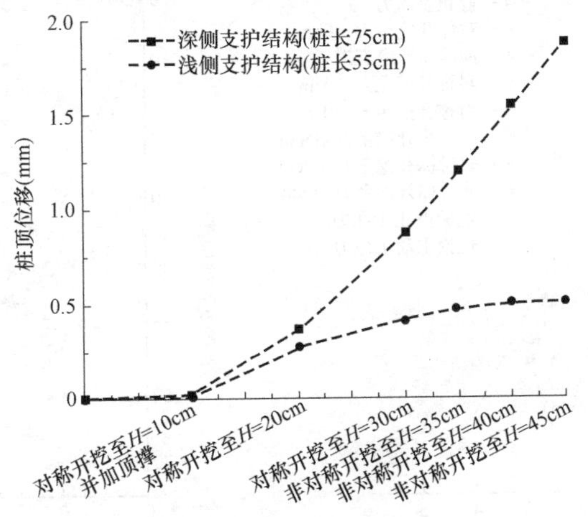

图 4.7 桩顶位移随基坑开挖深度的变化曲线

注：图中“对称开挖”指两侧均匀开挖，开挖深度相同；“非对称开挖”指仅对深侧（桩长较长侧）进行开挖，浅侧（桩长较短侧）不开挖。

侧围护结构的桩顶位移分别为 0.47mm，0.50mm，0.51mm，有减缓且趋于平稳的趋势。这可能也与非对称开挖及两侧桩长不同导致的深侧（桩长较长侧）对浅侧（桩长较短侧）的“推回位移”有关。

4.5.3 土压力变化规律

基坑开挖过程中浅侧和深侧围护结构上土压力的变化规律如图 4.8、图 4.9 所示。由图可见，当填土完成还未进行开挖时，测得的静止土压力与砂土静止土压力经验值（$K_0=0.95-\sin\varphi$）较为吻合。

对试验测得的两侧围护结构的主动侧土压力进行分析，可见随着基坑开挖深度的增

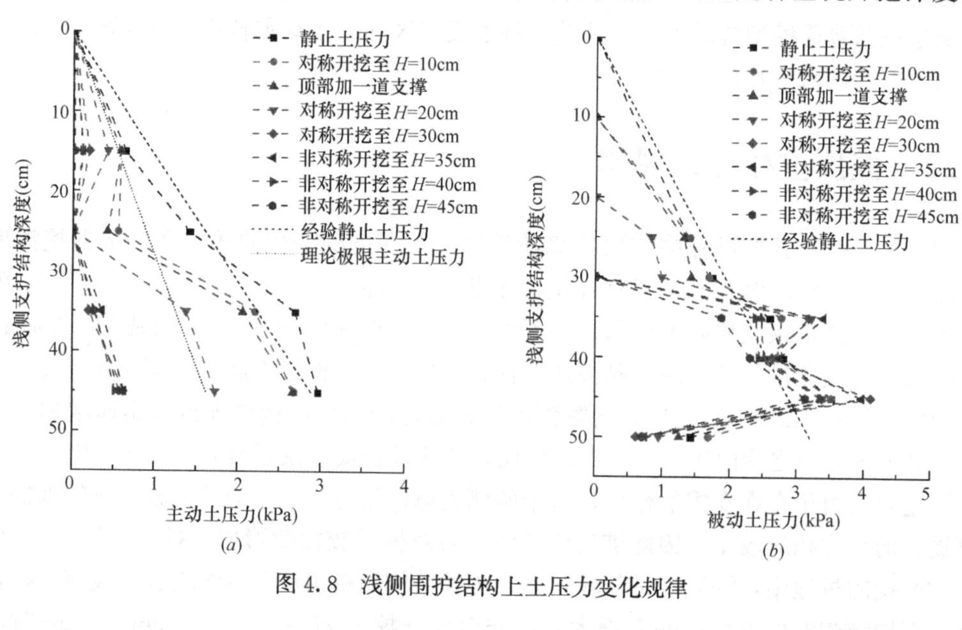

图 4.8 浅侧围护结构上土压力变化规律

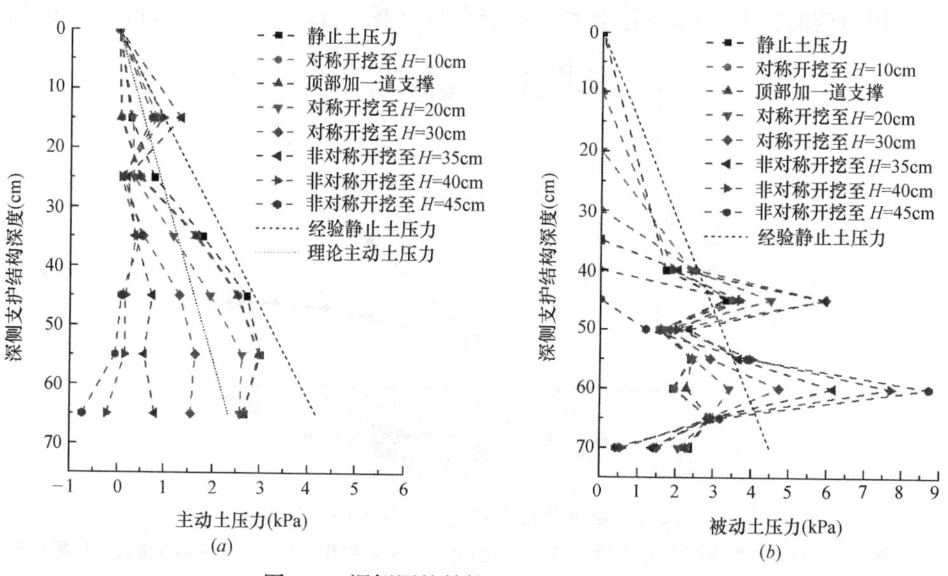

图 4.9 深侧围护结构上土压力变化规律

大，主动土压力由初始的静止土压力逐渐减小，这与基坑开挖深度增大引起的围护结构向坑内的位移有关。由图 4.8（a）可见，在进行非对称开挖后，浅侧围护结构上的主动土压力大小基本保持不变，而图 4.9（a）中，深侧围护结构上的主动土压力大小仍在减小。联系试验获得的桩顶位移变化结果进行分析，可得土压力的变化与围护结构位移密切相关，由于在进行非对称开挖后浅侧围护结构位移基本保持稳定，仅略有增大，因此其受到的主动土压力也基本维持稳定。而深侧围护结构由于在非对称开挖过程中位移在持续增大，因此主动土压力也持续减小。在基坑开挖深度大于 30cm 后，两侧围护结构底部附近的主动侧土压力小于理论计算获得的极限状态主动土压力，说明两侧围护结构底部可能均出现了向基坑外侧的位移。

对试验测得的两侧围护结构的被动侧土压力进行分析，可见被动土压力基本呈外凸形的非线性分布，且由于围护结构的位移相对较小，离达到被动状态极限土压力仍有较大距离，因此实测得到的被动土压力远小于理论计算得到的被动土压力（由于两者相差较大不便于读图，因此未在图中画出理论被动土压力）。且随着基坑开挖深度的增大，虽然被动侧土压力的计算高度逐渐减小，但被动土压力的大小仍有增大，证明被动土压力的大小也与围护结构的位移密切相关，被动土压力随着围护结构位移的增大而增大。两侧围护结构底部附近的被动侧土压力小于经验静止土压力，说明两侧围护结构底部可能均出现了向基坑外侧的位移，这与主动侧土压力的试验结果相吻合。

4.5.4 桩身弯矩变化规律

基于标定的抗弯刚度对桩身应变片测得的数据进行换算，获得基坑开挖过程中深侧及浅侧围护桩的桩身弯矩变化试验结果如图 4.10 所示，围护结构坑内侧受拉时弯矩为正、受压时弯矩为负。弯矩数据分别为两侧 2 根应变采集桩的平均结果。

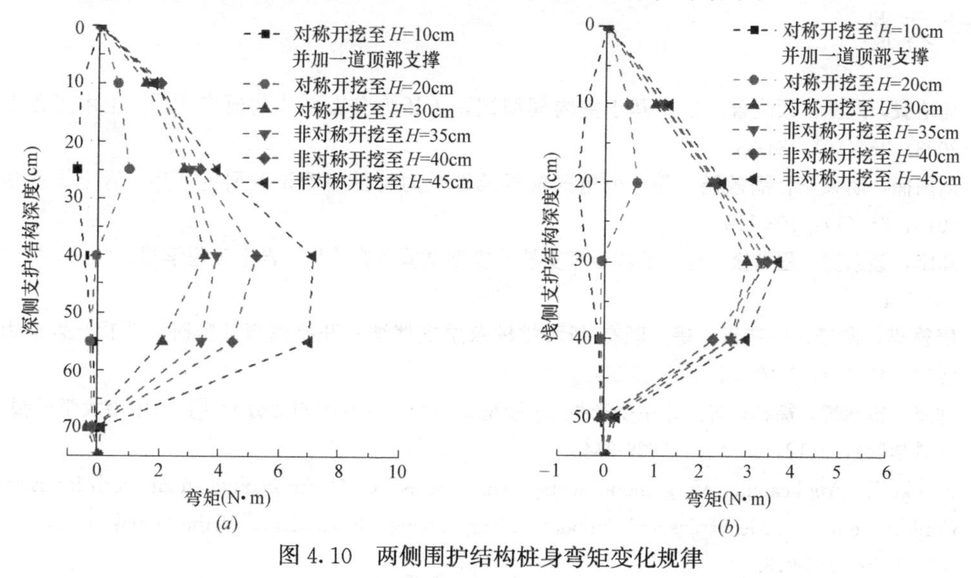

图 4.10　两侧围护结构桩身弯矩变化规律

对图 4.10（a）的深侧围护结构桩身弯矩变化规律进行分析，可见在顶部加一道支撑后，由于支撑的作用，使得桩身弯矩从最开始开挖至 $H=10$cm 时，悬臂情况的负弯矩状态转变为基本处于正弯矩状态。且随着开挖深度的增大，两侧围护结构的桩身弯矩均有所增加，并且最大弯矩所在的位置有下移的趋势。图 4.10（b）中浅侧围护结构的桩身弯矩也可见上述类似的规律。比较图 4.10（a）和图 4.10（b），可见非对称开挖对深侧围护结构桩身弯矩造成较大影响，桩身弯矩明显增大，但对浅侧围护结构桩身弯矩的影响相对较小。

4.6 本章小结

本章在第 3 章提出的非对称开挖基坑围护结构解析计算方法的基础上，进行了相应的试验研究，以期对非对称开挖基坑围护结构的受力变形机理进行实测数据分析，为理论计算方法的发展与完善提供参考，得出了以下结论：

（1）基坑开挖过程中，桩长较长侧对桩长较短侧将形成“推回位移”，使得桩长较短侧围护结构的桩顶位移有所减小，在后续的非对称开挖过程中，深侧（桩长较长侧）桩顶位移持续增大，而浅侧（桩长较短侧）由于有“推回位移”的存在，桩顶位移仅略有增大且趋于平稳。

（2）试验实测获得的静止土压力与砂土静止土压力经验值较为吻合。试验测得的主动与被动土压力与理论计算得到的主动及被动土压力（此处采用朗肯土压力理论）有一定差距，原因为传统土压力理论无法考虑位移等因素对土压力大小的影响，计算的结果仅能近似代表极限状态的土压力。因此在对基坑进行设计计算的过程中，有必要对围护结构上作用的土压力进行考虑位移的修正。

（3）随着基坑开挖深度的增大，两侧围护结构的桩身弯矩均有所增加，且最大弯矩所在的位置有下移的趋势。非对称开挖对深侧围护结构桩身弯矩造成较大影响，桩身弯矩明显增大，但对浅侧围护结构桩身弯矩的影响相对较小。

参考文献

[1] 陆培毅，严驰，顾晓鲁．砂土基于室内模型试验土压力分布形式的研究［J］．土木工程学报，2003，36（10）：84-88.

[2] 刘国楠，胡荣华，潘效鸿，等．衡重式桩板挡墙受力特性模型试验研究［J］．岩土工程学报，2013，35（1）：103-110.

[3] 郑刚，聂东清，程雪松，等．基坑分级支护的模型试验研究［J］．岩土工程学报，2016，39（5）：784-794.

[4] 唐德琪，俞峰，陈奕天，等．既有-新增排桩双层支挡结构开挖模型试验研究［J］．岩土力学，2019，40（3）：1-10.

[5] 林海，雷国辉，徐林，等．水平受荷桩 1g 模型试验变形特性的相似分析［J］．中南大学学报（自然科学版），2012，43（9）：3639-3645.

[6] Franke E. Applicability of 1g model tests in three cases ［C］// Proceedings of the 12th International Conference on Soil Mechanics and Foundation Engineering. Rotterdam，Netherlands：A. A. Balkema，1989：915-918.

[7] Floravante V. On the shaft friction modeling of non-displacement piles in sand ［J］. Soils and Foundations，2002，42（2）：23-33.

第5章　非对称开挖基坑围护结构受力变形机理的有限元分析

5.1　概述

近年来，随着城市地下建设的快速发展及场地使用限制的愈加严苛，有两种甚至多种开挖深度的基坑越来越常见，例如许多工程主楼与地下室的挖深相差较大的基坑，建筑基坑与地下轨道基坑相结合施工的基坑，有地下防空的等特殊功能或需求的基坑。除此之外，分层分段开挖也会导致基坑处于暂时的非对称开挖状态。如何考虑基坑非对称开挖的影响成为基坑工程设计中一个重要问题。目前，针对非对称开挖基坑，规范仅通过支撑不动点系数进行调整，但支撑不动点系数值的确定缺乏理论依据，理论研究滞后于工程实践。因此，对于非对称开挖基坑的研究具有重要的理论意义和工程应用价值，相关学者通过有限元分析的手段对此进行了一些研究。

吴剑锋[1] 通过有限元软件计算分析了基坑开挖深度不同情况下围护结构的内力和变形，并对其进行比较分析，总结出了一些基本规律。林刚[2] 建立了不平衡开挖情况下基坑三维有限元模型，分别考虑挖深不同和挖深分界面不同两种情况，计算结果表明挖深不同对围护结构弯矩和位移的影响很大。蔡袁强[3] 等运用岩土工程二维有限元软件 PLAXIS2D 进行非对称开挖基坑开挖全过程的模拟与计算，结果表明由于基坑开挖深度的不同，基坑两侧围护结构的水平位移和内力均有较大差异，在基坑设计中有必要对基坑的围护结构进行优化设计。罗志元[4] 采用有限元分析软件 PLAXIS，建立了内撑式基坑非对称开挖基坑的计算模型。通过对影响围护结构变形的因素加以分析，探讨了支撑尺寸、连续墙插入深度及连续墙厚度对内撑式非对称开挖基坑围护结构变形的影响，结果表明，这些因素对开挖较深侧围护结构水平位移的影响要比开挖较浅侧大。徐长节[5] 等采用有限元分析软件，对基坑在挖深差不同和挖深分界面位置不同条件下的非对称开挖进行了模拟。通过模拟研究发现，随着挖深差的增加，基坑两侧的地表沉降均增加，开挖深部位的地表沉降和沉降影响范围均大于开挖浅部位；坑底隆起在界面处发生较大的差异变形，挖深差越大，界面处的差异变形越明显；随着开挖分界面向浅侧移动，开挖深部位的隆起变形逐渐趋于稳定，隆起曲线变化趋势向挖深较浅侧增加。

本章在总结前人研究的基础上，通过有限元软件 PLAXIS2D 建立某深基坑算例模型，研究了两侧开挖深度差异程度、挖深分界面位置不同对内撑式非对称开挖基坑支护结构受力变形、坑外地表沉降和坑底隆起的影响，随后研究了开挖较浅侧坑外加载反压对围护结构受力变形的影响，得出了一些对工程具有指导意义的结论。

5.2 有限元模型的建立及非对称开挖工况介绍

所研究基坑算例的示意图如图 5.1 所示，基坑开挖宽度为 20m，采用厚度 1.0m 的地下连续墙作为围护结构，墙深为 24m，采用 C30 混凝土。于标高－2.0m 处设置一道钢筋混凝土支撑，支撑截面为 0.6m×0.6m，支撑水平间距为 5m，采用 C30 混凝土。地基土为均质黏土。土层物理力学指标见表 1。为避免建模的尺寸效应影响，取模型宽度为 280m，模型高度为 50m。地下水位于地表以下 11m 处，基坑两侧取地面超载 15kPa，超载离坑边 5m，超载宽度 10m。

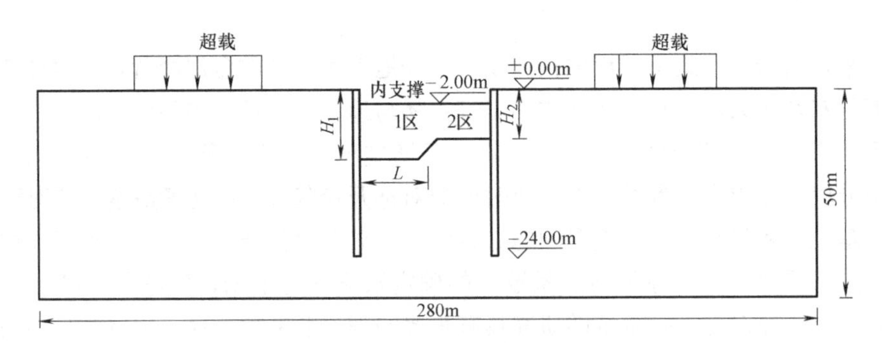

图 5.1 基坑示意图

建立如图 5.2 和图 5.3 所示的有限元模型，考虑到实际土体的特性和桩-土之间的关系，分别采用 HSS 土体本构、Plate（板）单元和 Anchor（锚杆）单元来模拟土体、围护墙和支撑，而 Plate（板）单元周围的界面单元可以用来模拟土与围护墙的相互作用。土体的本构模型采用了可以考虑卸载、再加载和初次加载时土体模量不同的 HSS 模型，应用激活或冻结类组和结构对象来模拟基坑开挖分步施工，使计算结果与实际工程更接近。边界条件为左右边界水平方向固定竖直方向自由，下边界水平和竖直方向均固定，上边界水平和竖直方向均自由。网格划分后生成 1100 个单元，9267 个节点。土层物理力学指标见表 5.1。

HSS 模型是对 HS 模型的一个修正，依据是土体在小应变的情况下剪切刚度增大的原理。在小应变水平时，大多数土表现出的刚度比在工程应变水平时更高，且这个刚度分布与应变是非线性的关系。该行为在 HSS 模型中通过一个应变-历史参数和两个材料参数来描述：G_0^{ref} 和 $\gamma_{0.7}$。G_0^{ref} 是小应变剪切模量，$\gamma_{0.7}$ 是剪切模量达到小应变剪切模量的 70%时的应变水平。

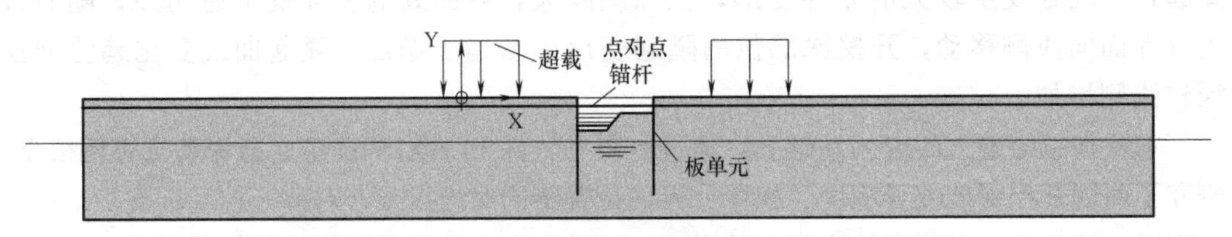

图 5.2 两侧不同挖深差下的分析模型

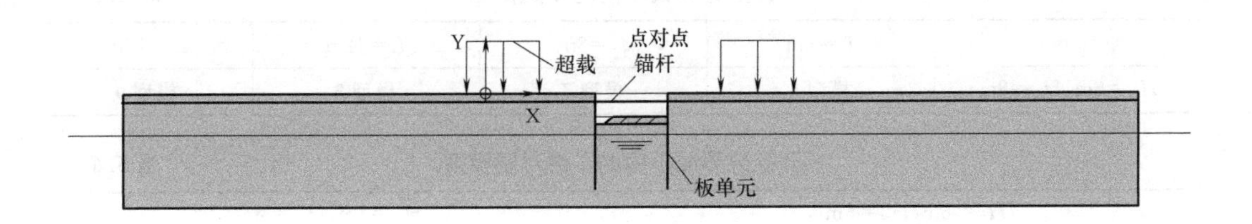

图 5.3 不同开挖分界面下的分析模型

土层物理力学性质指标 **表 5.1**

土层名称	重度 γ ($kN \cdot m^{-3}$)	c' (kPa)	φ' (°)	Ψ (°)	孔隙比 e	E_{50}^{ref} (MPa)	E_{oed}^{ref} (MPa)
黏土	19.23	4	30	0	0.76	6.7	5.58
土层名称	E_{ur}^{ref} (MPa)	G_0^{ref} (MPa)	$\gamma_{0.7}$	v_{ur}	P^{ref} (kPa)	m	R_f
黏土	39.08	109	2×10^{-4}	0.2	100	0.8	0.9

注：表中c'为有效黏聚力，φ'为有效内摩擦角，Ψ为剪胀角，E_{50}^{ref}为三轴固结排水剪切实验的参考割线模量，E_{oed}^{ref}为固结实验的参考切线模量，E_{ur}^{ref}为三轴固结排水卸载再加载试验的参考卸载再加载模量，G_0^{ref}为小应变刚度试验的参考初始剪切模量，$\gamma_{0.7}$为当割线剪切模量G_{secant}衰减为0.7倍的初始剪切模量G_0时对应的剪应变，v_{ur}为泊松比，P^{ref}为参考应力，m为与模量应力水平相关的幂指数，R_f为破坏比。

基坑开挖的具体实现步骤为：建立整个场地土体及支护结构模型；初始地应力的平衡，建立初始应力场，同时支护结构的刚度消失，即支护结构单元失去活性，使土体自重沉降过程中支护结构对土体自重沉降无影响；初始应力场引起的位移值清零，激活围护结构单元并施加地面以上超载；分层挖土并激活相应支撑，土体开挖是通过逐层使土单元失去活性实现的。其中具体计算工况如表 5.2 所示。

开挖阶段工况 **表 5.2**

工况	基坑施工阶段
工况 1	开挖第一层土体至−2m，并设置第一道混凝土支撑
工况 2	开挖第二层土体，左侧开挖至深度 H_1，右侧开挖至深度 H_2

通过改变基坑两边挖深差、开挖分界面位置，分别在算例的基础上设置两侧挖深不同的 3 组模型和 2 组挖深相同的对照模型，以及开挖分界面不同的 4 组模型和 2 组对照模型。模型设置情况见表 5.3～表 5.6。

两侧挖深不同的 3 组模型（L=10m） **表 5.3**

	H_1=7m	H_1=8m	H_1=9m
H_2=6m	模型 1	模型 2	模型 3

两侧挖深相同的 2 组对照模型（L=10m） **表 5.4**

H_1=6m，H_2=6m	H_1=9m，H_2=9m
模型 4	模型 5

开挖分界面不同的4组模型　　表5.5

	$L=4$m	$L=8$m	$L=12$m	$L=16$m
$H_1=6$m, $H_2=8$m	模型6	模型7	模型8	模型9

开挖分界面不同的2组对照模型　　表5.6

$H_1=6$m, $H_2=6$m	$H_1=8$m, $H_2=8$m
模型4	模型10

其中每种组合都以表5.2所示2个工况进行计算，可以得到非对称开挖情况下基坑的两侧围护结构位移和内力以及地表沉降和坑底隆起等数据。

5.3 非对称开挖基坑墙体水平位移分析

5.3.1 不同开挖深度

通过有限元计算，5种不同 H_1、H_2 组合下基坑两侧围护墙的水平位移如图5.4所示。

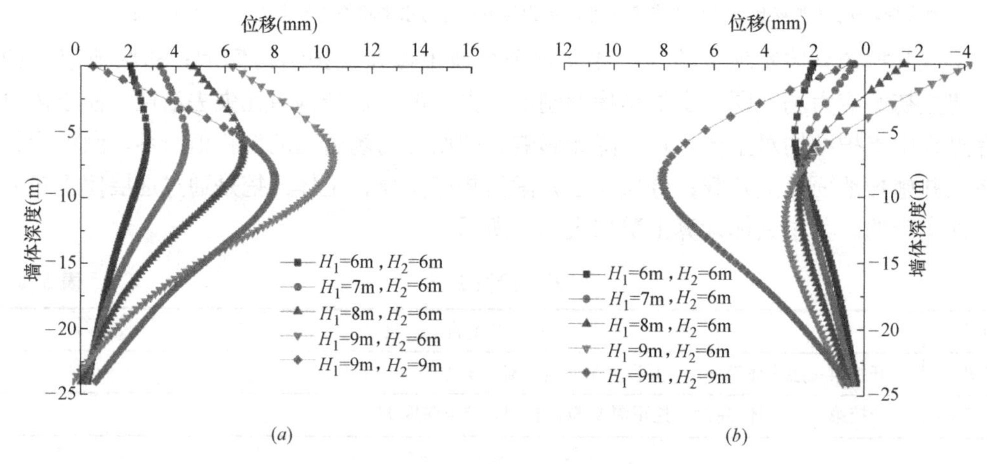

图5.4　工况2下基坑两侧围护墙水平位移示意图

(a) 左侧围护墙；(b) 右侧围护墙

从图5.4中可以看出：

(1) 对称开挖情况下，1区、2区开挖深度相同。因为支撑的作用，围护墙弯矩呈“中间大两头小”的变形趋势，围护墙的最大水平位移发生在坑底附近，这与已有的研究成果一致[6,7]。

(2) 非对称开挖情况下，1区、2区开挖深度相差1.0m（$H_1=7$m，$H_2=6$m），2.0m（$H_1=8$m，$H_2=6$m），3.0m（$H_1=9$m，$H_2=4$m）。随着左侧开挖深度的不断增大，左侧围护墙位移不断增大，因支撑的传递作用，右侧围护墙的墙顶位移不断减小，在左侧开挖深度到达8m时，右侧围护墙墙顶出现了向坑外的逆向位移。这主要是因为左侧开挖区域挖深的增大，左侧围护墙水平位移不断增大，通过内支撑影响右侧围护墙的位移，从而使得右侧围护墙墙顶位移不断减小直至产生向坑外的逆向位移。

5种不同 H_1、H_2 组合下左侧围护墙最大水平位移 S_1、右侧围护墙最大水平位移 S_2 的变化如表5.7所示。

墙体最大水平位移统计分析表　　表5.7

H_1,H_2(m)	S_1(mm)	S_2(mm)	$\frac{\lvert S_1-S_2\rvert}{S_1}$(%)
6.0,6.0	2.76	2.76	0
7.0,6.0	4.42	2.47	44.1
8.0,6.0	6.73	2.61	61.2
9.0,6.0	10.42	3.16	69.7
9.0,9.0	8.03	8.03	0

由表5.7可知，左侧开挖深度 H_1 由6.0m增至9.0m（右侧开挖深度不变），S_1 由2.76mm增至10.42mm，增大了277.5%，S_2 由2.76mm减小至2.47mm，又由2.47mm增大至3.16mm，最终增大了27.9%，S_2 增大幅度远小于 S_1。当两侧开挖深度均为9.0m时，两侧围护墙的最大位移相等，均为8.03mm。随着左侧开挖深度的增大（右侧开挖深度不变），S_1 与 S_2 的差异率（S_1 与 S_2 的差值与 S_1 的比值）从0%增至69.7%，可见两侧围护墙位移差异率随基坑左侧开挖深度的增大而逐渐增大。

5.3.2 不同开挖分界面

通过有限元计算，4种不同开挖分界面的非对称开挖基坑及2种对称开挖条件下基坑两侧围护墙的水平位移如图5.5所示。

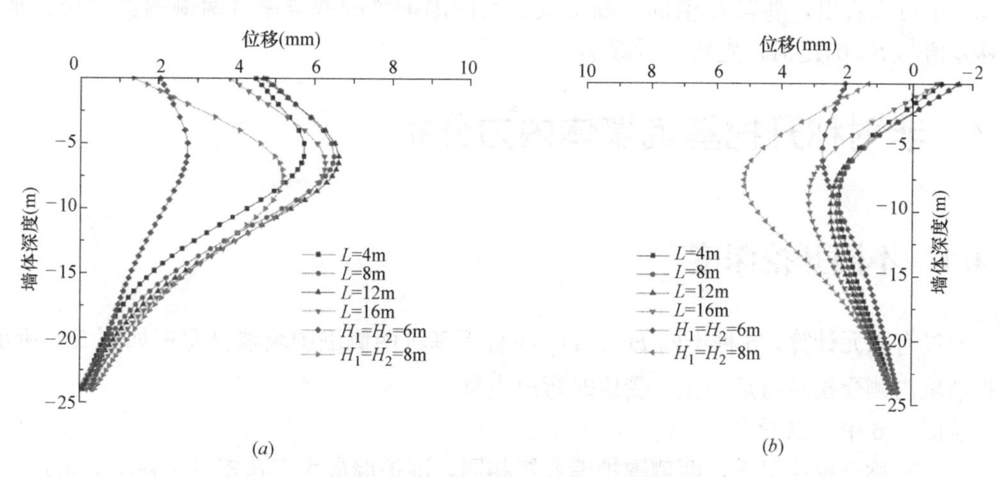

图5.5　工况2下基坑两侧围护墙水平位移示意图

（a）左侧围护墙；（b）右侧围护墙

从图5.5中可以看出，在非对称开挖基坑中，随着开挖分界面的不断右移，左侧围护墙水平位移呈先增大后减小趋势，发生这种现象的原因可能是随着开挖分界面不断右移，坑底土体不断卸荷，因而左侧围护墙所受的被动土压力不断减小（局部荷载作用下的土压力计算），围护结构受力平衡被改变，围护结构继续向坑内位移直到重新达到平衡状态。随着 L 的继续增大，土体卸荷部分距离围护墙越来越远，整个左侧围护墙的土压力基本不再受卸荷的影响，而右侧围护墙受到坑底土体卸荷的影响范围越来越大，导致右侧围护墙的水平位移不断增大，同时通过支撑的传递作用抑制了左侧围护墙的位移，从而使得左侧围护墙的水平位移开始不断减小。

从图 5.5 中还可以看出，在非对称开挖基坑中，随着开挖分界面的不断右移，右侧围护墙水平位移不断增大，墙顶发生向坑外的逆向位移，且逆向位移值先增大后减小。在非对称开挖情况下，左侧围护墙的水平位移均大于对称开挖 8m 时的围护墙位移，而右侧围护墙的水平位移介于对称开挖深度 6m 和对称开挖深度 8m 的围护墙位移之间。因此在实际工程中，若采用传统对称设计方法按开挖较深侧进行设计计算，左侧围护墙位移值会比计算值偏大，而右侧围护墙位移值会比计算值偏小。

墙体最大水平位移统计分析表　　表 5.8

L(m)	S_1(mm)	S_2(mm)	$\frac{\lvert S_1-S_2\rvert}{S_1}$(%)
0($H_1=H_2=6$m)	2.88	2.87	0
4	6.11	2.43	60.23
8	6.97	2.68	61.55
12	7.06	3.03	57.08
16	6.62	3.74	43.51
20($H_1=H_2=8$m)	5.53	5.53	0

左侧围护墙最大水平位移 S_1、右侧围护墙最大水平位移 S_2 的变化如表 5.8 所示。从表 5.8 中可以看出，随着 L 值的不断增大，两侧围护墙的差异率（两侧围护墙最大水平位移差值与 S_1 的比值）先增大后减小。

5.4　非对称开挖基坑墙体内力分析

5.4.1　不同开挖深度

通过有限元计算，5 种不同 H_1、H_2 组合下基坑两侧围护墙墙身弯矩如图 5.6 所示。围护墙坑内侧受拉时弯矩为正、受压时弯矩为负。

从图 5.6 中可以看出：

(1) 对称开挖情况下，两侧围护墙弯矩相同，围护墙最大正弯矩发生在坑底附近。

(2) 非对称开挖情况下，1 区、2 区开挖深度相差 1.0m（$H_1=7$m，$H_2=6$m），2.0m（$H_1=8$m，$H_2=6$m），3.0m（$H_1=9$m，$H_2=6$m）。随着左侧开挖深度 H_1 的增大，两侧围护墙最大弯矩值 M_1、M_2 均增大，最大弯矩发生位置不断下移。

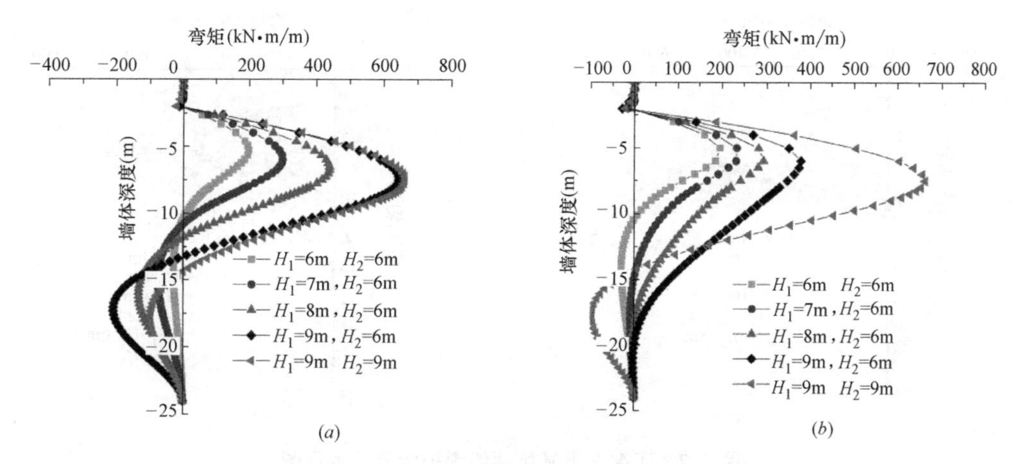

图 5.6 工况 2 下基坑两侧围护墙弯矩示意图

(*a*) 左侧围护墙；(*b*) 右侧围护墙

5 种不同 H_1、H_2 的组合下左侧围护墙弯矩最大值 M_1、右侧围护墙弯矩最大值 M_2 的变化见表 5.9。

墙体最大弯矩统计分析表 **表 5.9**

H_1、H_2(m)	M_1(kN · m/m)	M_2(kN · m/m)	$\frac{\vert M_1-M_2\vert}{M_1}$(%)
6.0,6.0	197.0	197.0	0
7.0,6.0	299.6	232.9	22.3
8.0,6.0	438.8	292.6	33.3
9.0,6.0	644.5	379.2	41.2
9.0,9.0	662.8	662.8	0

从表 5.9 中可以看出，左侧开挖深度 H_1 由 4.0m 增至 7.0m 时（右侧开挖深度不变），M_1 由 197kN · m/m 增至 644.5kN · m/m，增长了 227.2%，M_2 由 197.0kN · m/m 增至 379.2kN · m/m，增长了 92.5%，可见 M_1 的增大幅度要远大于 M_2。M_1 与 M_2 的差值不断增大，差异率（M_1 与 M_2 的差值与 M_1 的比值）由 0%增大至 41.2%。当基坑两侧开挖深度均为 9.0m 时，两侧围护墙的最大弯矩相等，均为 622.5kN · m/m。在此 4 种开挖深度不同的 H_1、H_2 组合下，基坑两侧围护墙最大弯矩的差异率均在 20%以上，故在工程设计中不能用传统的对称方法进行处理，而需要分别进行考虑。

5.4.2 不同开挖分界面

通过有限元计算，4 种不同开挖分界面的非对称开挖基坑及 2 种对称开挖条件下基坑两侧围护墙墙身弯矩如图 5.7 所示。

从图 5.7 中可以看出，当开挖分界面从挖深较深侧向较浅侧逐渐移动时（L 从 0m 增至 16m）时，两侧围护墙弯矩均增大，但开挖深侧围护墙弯矩增大幅度由快变慢，开挖浅侧围护墙的弯矩增大幅度由慢变快。受非对称开挖的影响，开挖深侧围护墙弯矩最大值

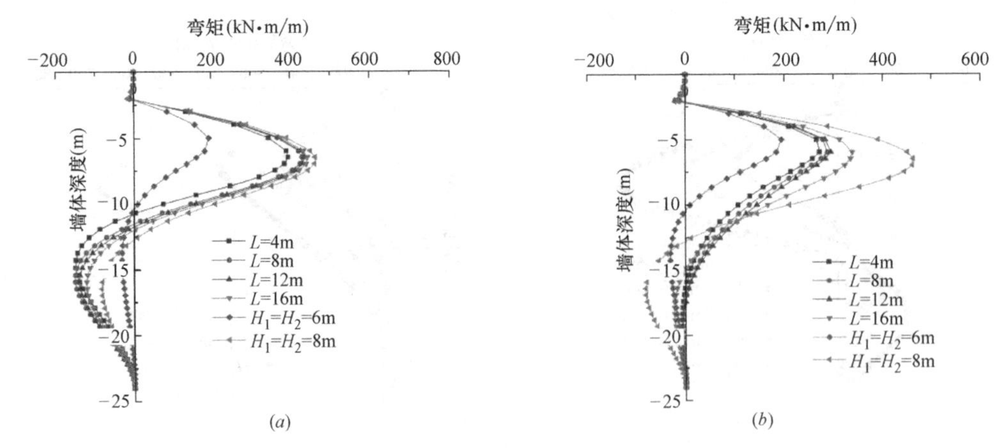

图 5.7 工况 2 下基坑两侧围护墙弯矩示意图

(*a*) 左侧围护墙；(*b*) 右侧围护墙

M_1 要大于开挖浅侧围护墙弯矩最大值 M_2。

墙体最大弯矩统计分析表 **表 5.10**

L(m)	M_1(kN·m/m)	M_1(kN·m/m)	$\frac{\|M_1-M_2\|}{M_1}$(%)
0(H_1=6m)	190.1	191.1	0
4	407.8	280.3	31.3
8	439.1	289.8	34.0
12	442.3	298.2	32.6
16	446.6	342.9	23.2

提取两侧围护墙弯矩最大值得表 5.10。由表 5.10 可知，当开挖分界面由开挖较深侧向较浅侧逐渐移动（L 从 0m 增至 16m）时，深侧围护墙弯矩最大值 M_1 由 190.1kN·m/m 增至 446.6kN·m/m，增幅为 134.9%，浅侧围护墙弯矩最大值 M_2 由 191.1kN·m/m 增至 342.9kN·m/m，增幅为 79.4%。L 从 0m 增至 16m，M_1 与 M_2 的差异率（M_1 与 M_2 的差值与 M_1 的比值）从 0%增至 34.0%，又从 34.0%减至 23.2%，呈现先增大后减小的规律，和 S_1 与 S_2 差异率的变化规律类似。随着 L 的增大，M_1 与 M_2 的变化值均较大，右侧挖深虽然没有增加但围护墙最大弯矩也增长了 79.4%，因此在实际工程中对基坑浅侧支护结构按照挖深 6m 进行设计配筋显然是不合理的。在此 4 种开挖分界面不同的情况下，基坑两侧围护墙的最大弯矩 M_1、M_2 的差值均在 20%以上，故在工程设计中不能用传统的对称方法进行处理，而需要分别进行考虑。

5.5 非对称开挖基坑支撑轴力和位移分析

5.5.1 非对称开挖基坑支撑轴力分析

(1) 不同开挖深度

通过有限元计算，6 种不同 H_1、H_2 组合下支撑轴力大小如图 5.8 所示。

从图 5.8 中可以看出，在非对称开挖情况下，支撑轴力随着 H_1 的增大而增大，且变化幅度较大。当左侧开挖深度 H_1 分别为 6m、7m、8m、9m 时（右侧开挖深度不变），支撑轴力大小为 627.5kN、748.8kN、903.0kN、1242.1kN。通过补充计算两侧开挖深度均为 7m 的有限元模型，发现非对称开挖情况下的支撑轴力大小介于按开挖浅侧深度对称开挖和按开挖深侧深度对称开挖的支撑轴力之间，故在两侧开挖深度不同的情况下，应对支撑轴力进行优化设计。

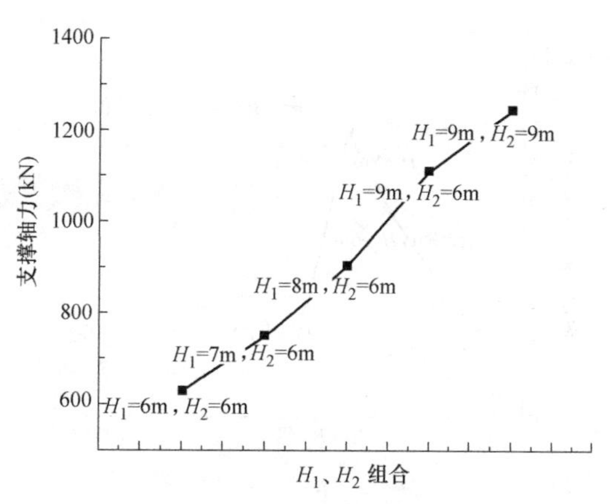

图 5.8 工况 2 下支撑轴力变化示意图

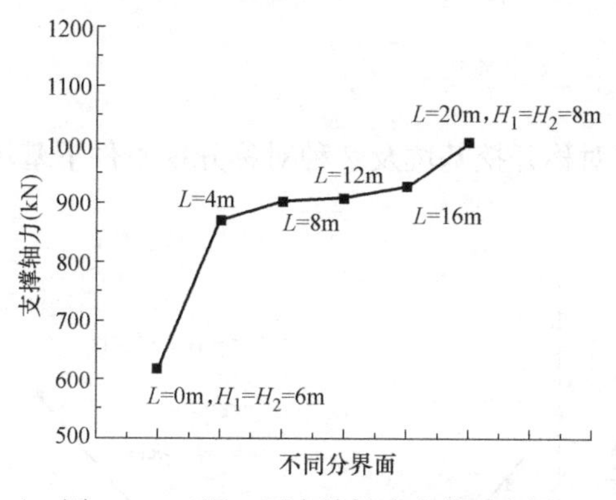

图 5.9 工况 2 下支撑轴力变化示意图

（2）不同开挖分界面

通过有限元计算，4 种不同开挖分界面的非对称开挖基坑及 2 种对称开挖条件下基坑支撑轴力大小如图 5.9 所示。

从图 5.9 中可以看出，当 L 由 0m 增大至 4m 时，基坑进入非对称开挖状态，开挖深度由 $H_1=H_2=6$m 转变为 $H_1=8$m，$H_2=6$m，因此支撑轴力发生突增。随后，开挖宽度 L 的不断增大，支撑轴力呈缓慢增大的趋势，当 L 由 16m 增大至 20m，开挖深度变为 $H_1=H_2=8$m，支撑轴力再次发生突增。从图中还可以看出，在非对称开挖时的支撑轴力大小始终介于对称开挖挖深 6m 与挖深 8m 情况之间。因此在实际工程中，按浅侧挖深进行基坑支撑的设计会偏于不安全，按深侧挖深进行支撑的设计会偏于保守，合理的基坑支撑设计必须要考虑到基坑的整体受力。

5.5.2 非对称开挖基坑支撑位移分析

（1）不同开挖深度

通过有限元计算，6 种不同 H_1、H_2 组合下支撑端点水平位移如图 5.10 所示。

工况 2 下，支撑两侧端点的水平位移如图 5.10 所示。当基坑左侧开挖深度分别为 6m、7m、8m、9m 时（基坑右侧开挖深度不变），支撑左侧端点均往坑内移动，随着开挖深度的增大，支撑左侧端点向坑内的位移量不断增大。与之相对应，当基坑左侧开挖深度分别为 6m、7m、8m、9m 时（基坑右侧开挖深度不变），支撑右侧端点向坑内的位移量不断减小，当基坑左侧开挖深度分别为 8m、9m 时，支撑右侧端点开始向坑外位移，位移量分别为 0.26mm、2.17mm。当基坑两侧开挖深度均为 9m 时，支撑两侧端点均向坑内位移，且位移量相等。可见，非对称开挖会使支撑发生向开挖浅侧的偏移，且两侧开

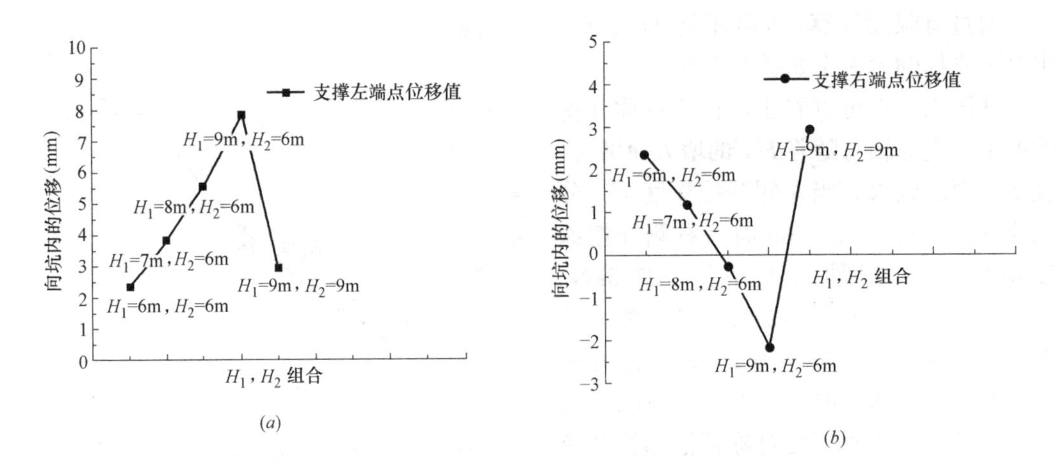

图 5.10　工况 2 下支撑端点水平位移变化示意图

(*a*) 支撑左侧端点水平位移量；(*b*) 支撑右侧端点水平位移量

挖深度差异越大，支撑偏移量越大。

(2) 不同开挖分界面

通过有限元计算，4 种不同开挖分界面的非对称开挖基坑及 2 种对称开挖条件下基坑支撑端点水平位移如图 5.11 所示。

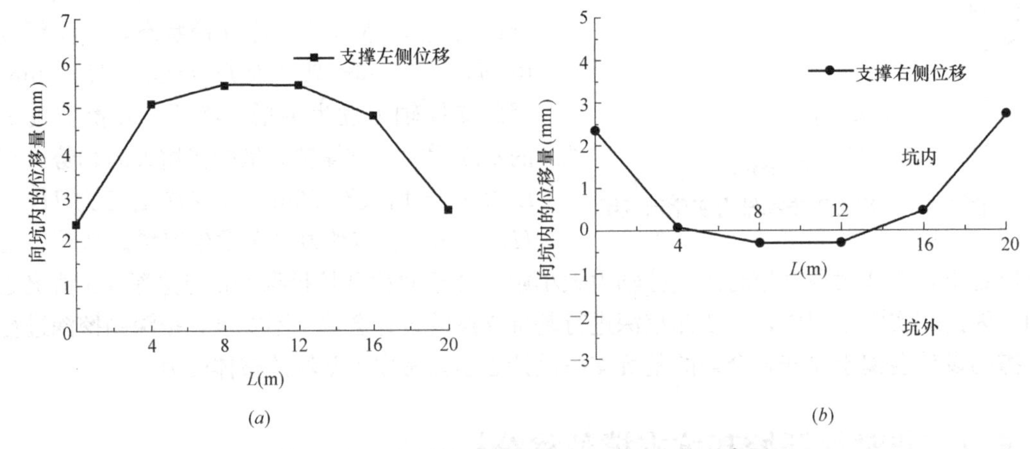

图 5.11　工况 2 下支撑端点水平位移变化示意图

(*a*) 支撑左侧端点水平位移量；(*b*) 支撑右侧端点水平位移量

工况 2 下，支撑两侧端点的水平位移如图 5.11 所示。随着 L 值的不断增大，支撑左侧端点水平位移先增大后减小，支撑右侧端点水平位移先减小后增大，当 $L=8\text{m}$ 时，支撑右侧端点向坑外移动。这主要是因为在 $L<10\text{m}$ 时，左侧围护墙上部水平位移量不断增大（图 5.6），从而使得支撑左侧端点的位移量不断增大，反之右侧围护墙上部水平位移量不断减小，从而使得支撑右侧端点的位移量不断减小，在 $L=8\text{m}$ 时，支撑发生向右的整体偏移。当 $L>10\text{m}$ 时，左侧围护墙上部水平位移量不断减小，从而使得支撑左侧端点的位移量不断减小，反之右侧围护墙上部水平位移量不断增大，从而使得支撑右侧端点的位移量不断增大，在 $L=16\text{m}$ 时，支撑不再发生向右的整体偏移，但支撑两侧的位移量仍有差异。

5.6 非对称开挖基坑坑外地表沉降分析

5.6.1 不同开挖深度

通过有限元计算，不同开挖深度下，基坑两侧的坑外地表沉降曲线如图 5.12 所示。

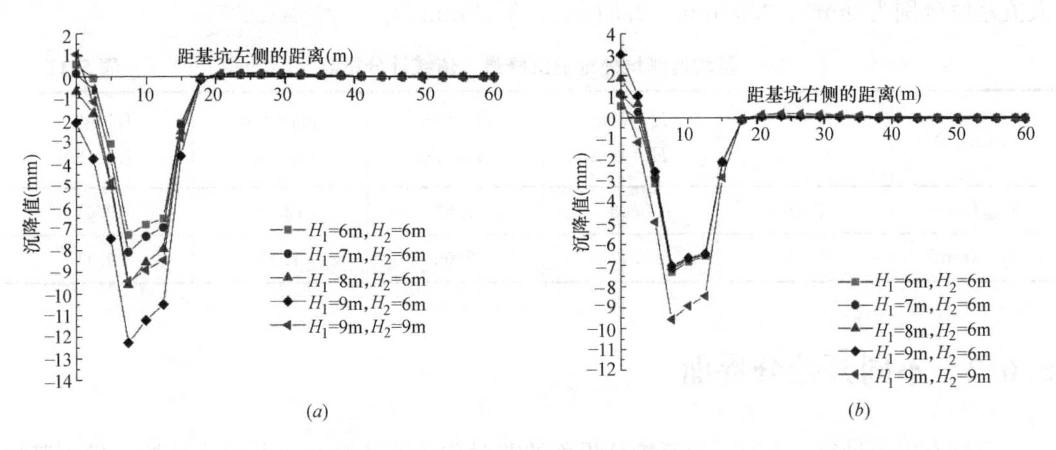

图 5.12 坑外地表沉降变形曲线

(*a*) 左侧；(*b*) 右侧

从图 5.12 (*a*) 中可以看出：

当基坑右侧开挖深度不变时，左侧开挖深度越大，基坑左侧坑外地表沉降值越大。当左侧开挖深度分别为 6m、7m、8m、9m 时（右侧开挖深度不变），左侧坑外地表沉降最大值分别为 7.28mm、8.08mm、9.57mm、12.26mm，沉降最大值发生位置基本不变，均为坑边 7.5m 左右。当两侧开挖深度均为 9m 时，左侧坑外地表沉降最大值有所减小，这主要是因为当基坑两侧非对称开挖时，基坑会产生向开挖浅侧的整体偏移，从而导致左侧坑外地表沉降进一步加大，而当两侧开挖深度相同时，基坑处于受力对称状态，基坑不会发生向某侧的整体偏移，左侧坑外地表沉降量会相对有所减小。

从图 5.12 (*b*) 可以看出：

当基坑右侧开挖深度不变时，随着基坑左侧开挖深度的增大，基坑右侧坑外地表沉降值不断减小，这与基坑左侧坑外地表沉降变化规律相反。当左侧开挖深度分别为 6m、7m、8m、9m 时，基坑右侧坑外地表沉降最大值为 7.28mm、7.17mm、7.06mm、7.02mm，沉降最大值发生位置均为坑外 7.5m。与基坑左侧坑外地表变形不同的是，右侧临近基坑的土体隆起量会逐渐增大，而左侧临近基坑的土体隆起量会逐渐减小直至隆起消失。当左侧开挖深度分别为 6m、7m、8m、9m 时，基坑右侧坑外最大隆起值为 0.55mm、1.13mm、1.87mm、3.01mm、1.05mm。这主要是因为随着基坑左侧开挖深度增加，左侧围护墙位移不断增大，并通过内支撑将力传递至右侧围护墙上部，导致右侧围护墙上部发生向坑外的位移，进一步导致了坑边土体的隆起。

5 种不同 H_1、H_2 组合下，基坑两侧坑外地表沉降最大值见表 5.11。

从表 5.11 中可以看出，当基坑左侧开挖深度 H_1 由 4m 增加到 7m 时（基坑右侧开挖深度不变），左侧坑外地表沉降最大值 δ_{1max} 由 7.28mm 增至 12.26mm，增大了 68.4%；右侧坑外地表沉降最大值 δ_{2max} 由 7.28mm 减至 7.02mm，减小了 3.5%。可见，增大基坑左侧开挖深度会显著增加左侧坑外地表沉降值，同时也会使右侧坑外地表沉降值有小幅度的减小，两侧坑外最大地表沉降的差值会随着基坑左侧开挖深度的增大而增大。当基坑左侧开挖深度为 4m、5m、6m、7m 时（基坑右侧开挖深度不变），两侧坑外地表沉降最大值差值分别为 0mm、0.91mm、2.51mm、5.19mm。

基坑两侧坑外地表沉降最大值统计分析表　　表 5.11

不同组合	H_1=6m H_2=6m	H_1=7m H_2=6m	H_1=8m H_2=6m	H_1=9m H_2=6m	H_1=9m H_2=9m
δ_{1max}(mm)	7.28	8.08	9.57	12.26	9.41
δ_{2max}(mm)	7.28	7.17	7.06	7.02	9.41

5.6.2 不同开挖分界面

通过有限元计算，4 种不同开挖分界面的非对称开挖基坑及 2 种对称开挖条件下基坑两侧的地表沉降曲线如图 5.13 所示。

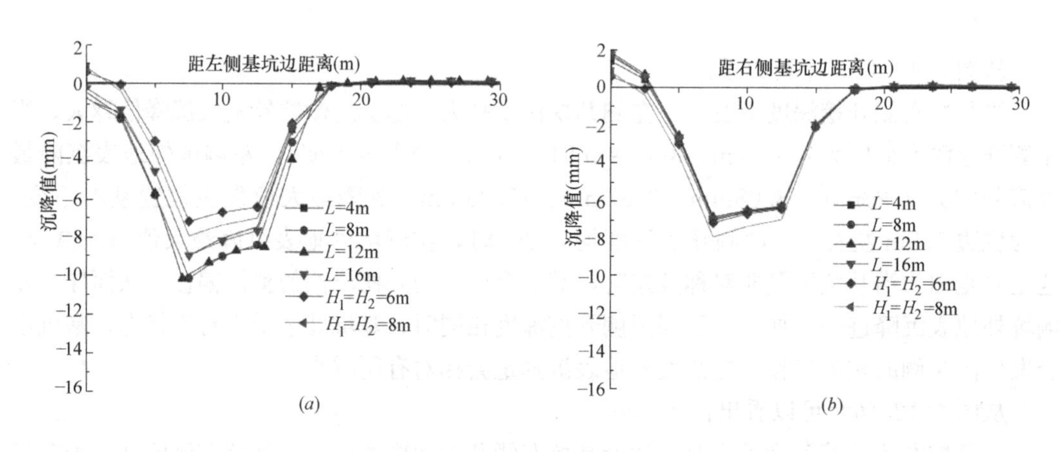

图 5.13　坑外地表沉降变形曲线

(a) 左侧；(b) 右侧

从图 5.13 可以看出，当开挖分界面从挖深较大侧向较浅侧逐渐增大（即 L 从 4m 增至 16m 时），两侧地表沉降变化不一。基坑右侧坑外地表沉降先减小后增大（结合表 3 得出），但变化幅度不大，基坑左侧坑外地表沉降先增大后减小，并且当 L 达到 12m 时，左侧坑外地表沉降得到限制并有所减小，这是由于上述墙体位移得到了限制，基坑周围土体的位移场发生变化，从而地表沉降也随之减小。

基坑两侧坑外地表沉降最大值统计分析表　　表 5.12

L(m)	0 ($H_1=H_2=$6m)	4	8	12	16	20 ($H_1=H_2=$8m)
δ_{1max}(mm)	7.17	8.98	10.15	10.15	8.97	7.93
δ_{2max}(mm)	7.17	7.02	6.94	6.87	6.96	7.93

提取不同开挖分界面下的地表沉降最大值得表 5.12。由表 5.12 可知，当开挖分界面 L 由 0m 增加至 20m，左侧坑外地表沉降最大值 δ_{1max} 由 7.17mm 增至 10.15mm，再由 10.15mm 减小至 7.93mm，而右侧坑外地表沉降最大值 δ_{2max} 由 7.17mm 减小至 6.87mm，又由 6.87mm 增大至 7.93mm。两侧坑外地表沉降值差值呈现先增大后减小的趋势，当基坑两侧挖深相同时，两侧坑外地表沉降值也相同。

5.7 非对称开挖基坑坑底隆起分析

5.7.1 不同开挖深度

通过有限元计算，不同开挖深度下，基坑两侧的坑底隆起曲线如图 5.14 所示。

从图 5.14 中可以看出，开挖深度相同时，坑底隆起呈对称分布，当基坑左侧继续开挖时，左侧坑底隆起值增大，右侧坑底隆起值基本不变，隆起曲线呈非对称分布。随着基坑左侧开挖深度的增大，坑底隆起最大值逐渐增大，隆起曲线非对称分布愈加明显。当基坑左侧开挖深度分别为 6m、7m、8m、9m 时（右侧开挖深度不变），坑底隆起最大值为 34.9mm、48.0mm、58.2mm、69.2mm，最大隆起值发生位置分别距左侧围护墙 1.04（18.96）m、1.38m、2.03m、2.34m。可见随着基坑左侧开挖深度的增大，坑底隆起最大值发生位置逐渐向右侧移动。

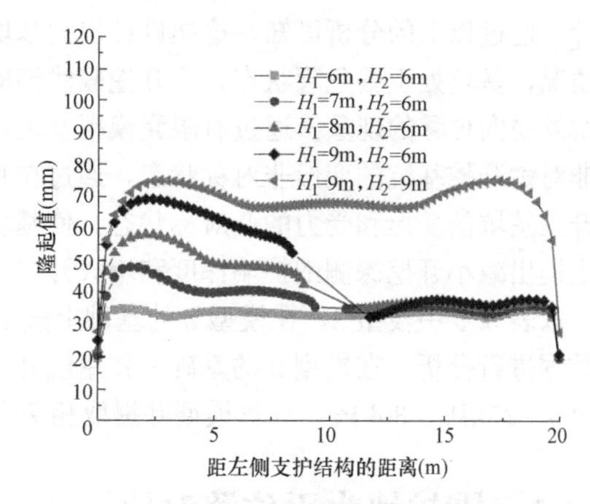

图 5.14　两侧不同挖深差下的坑底隆起曲线

5.7.2 不同开挖分界面

通过有限元计算，4 种不同开挖分界面的非对称开挖基坑及 2 种对称开挖条件下基坑的坑底隆起变化曲线如图 5.15 所示。

从图 5.15 中可以看出：

① 本算例中，坑底隆起呈双峰形状，坑底中心点隆起量较小，在位于坑壁一定距离

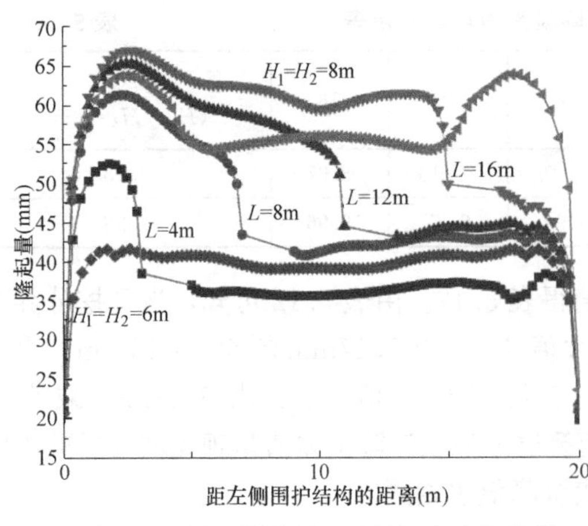

图 5.15　不同开挖分界面下的坑底隆起曲线

处坑底隆起量较大。

② 基坑两侧开挖深度相同时，坑底隆起呈对称分布。随着开挖分界面右移，坑底两侧隆起量均增大，但左侧的隆起量增加较多，隆起曲线呈非对称分布。当 L = 4m、8m、12m、16m、20m 时，坑底隆起最大值分别为 41.56mm、52.49mm、61.26mm、65.25mm、66.88mm、63.81mm。可见，基坑非对称受力状态下，随着开挖分界面的右移，深侧开挖宽度增大，坑底隆起呈逐渐增大的趋势，当 L = 12m、16m 时，坑底隆起最大值超过了两侧开挖深度均为 8m 时的情况。在非对称开挖时，坑底隆起最大值均发生在开挖深度较深的一侧，且发生位置随着土层开挖分界面的右移而右移。

5.8 优化措施分析

在实际工程中，针对两侧开挖深度不同的基坑，往往会按照开挖较深侧进行基坑围护设计，通过以上的分析可知，这样设计出的基坑会出现挖深较大侧围护墙变形大于设计值的情况，基坑处于偏危险状态，而开挖较浅侧的围护墙没能发挥其全部作用，甚至会出现向坑外逆向位移的现象。通过有限元模拟发现，通过减小开挖深侧围护墙深度可以改善两侧非对称开挖基坑的变形非对称状态，通过在基坑开挖浅侧增大超载也可以改善两侧非对称开挖基坑的变形和受力的非对称状态，使基坑受力更加合理。因此在传统对称设计的基础上提出减小开挖深侧围护墙深度和增大开挖浅侧超载两种优化措施。

取表 5.3 中模型 2，在模型 2 的基础上减小开挖深侧围护墙深度，计算模型并提取相关数据进行分析。在模型 2 的基础上在基坑开挖前增大右侧（开挖较浅侧）超载的大小为 20kPa、25kPa、30kPa，计算模型并提取相关数据进行分析。

5.8.1 围护墙水平位移对比

(1) 减小开挖深侧围护墙深度

提取模型 2 和围护墙深度改变后模型中的围护墙水平位移数据，得到工况 2 下围护墙水平位移如图 5.16 所示。

从图 5.16 中可以看出，随着左侧围护墙深度的减小，左侧围护墙水平位移逐渐减小，右侧围护墙最大水平位移不断增大，逆向位移不断减小。当左侧墙深分别为 24m、22m、20m 时，左侧围护墙最大水平位移为 6.59mm、6.50mm、6.38mm，右侧围护墙最大水平位移为 2.57mm、2.70mm、2.83mm，右侧墙顶逆向位移为 1.49mm、1.42mm、1.29mm。由此可以看出，当左侧（深侧）围护墙深度适当减小时，基坑的逆向位移会有所减少，基坑非对称变形状态有所缓解。但继续减小左侧围护墙深发现，左侧围护墙水平

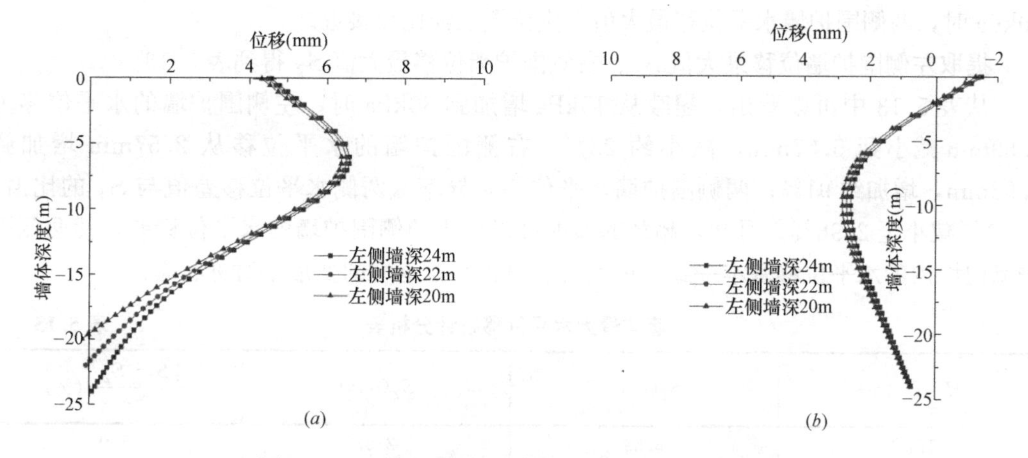

图 5.16　工况 2 下基坑两侧围护墙水平位移示意图

(*a*) 左侧围护墙；(*b*) 右侧围护墙

位移又开始增大，右侧围护墙逆向位移也开始增大。因此，可以通过适当减小左侧围护墙深度来缓解基坑非对称变形状态，但不能减小过多，否则会使左侧围护墙嵌固深度不足而发生破坏。

(2) 增大开挖浅侧坑外超载

提取模型 2 和超载改变后模型中的围护墙水平位移数据，得到工况 2 下围护墙水平位移如图 5.17 所示。

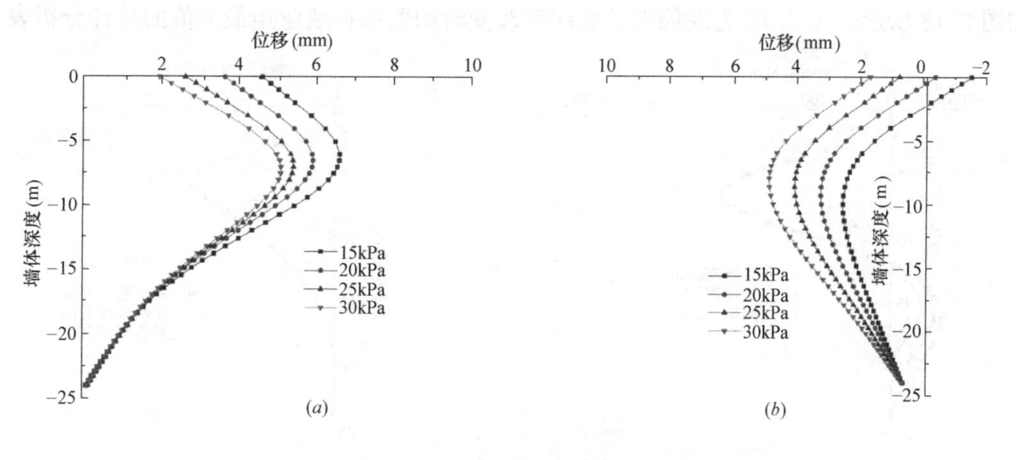

图 5.17　工况 2 下基坑两侧围护墙水平位移示意图

(*a*) 左侧围护墙；(*b*) 右侧围护墙

从图 5.17 中可以看出，随着基坑右侧超载的增大，右侧围护墙的最大水平位移不断增大，而墙顶水平位移不断减小，左侧围护墙的水平位移不断减小。当超载为 25kPa 时，墙顶开始由向坑外位移变成向坑内位移。随着基坑右侧超载的增大，右侧围护墙的最大水平位移发生位置不断上移，而左侧围护墙的最大水平位移发生位置不断下移。当超载分别为 15kPa、20kPa、25kPa、30kPa 时，左侧围护墙水平位移最大值发生位置为－6m、－6.5m、－7m、－7m，右侧为－10.02m、－9.35m、－8.67m、－8m。当超载为

30kPa 时，两侧围护墙水平位移最大值发生位置已经比较接近。

提取左侧围护墙位移最大值 S_1、右侧围护墙位移最大值 S_2 得到表 5.13。

从表 5.13 中可以看出，超载从 15kPa 增加到 30kPa 时，左侧围护墙的水平位移由 6.59mm 减小到 5.07mm，减小约 23%，右侧围护墙的水平位移从 2.57mm 增加到 4.92mm，增加约 91%；两侧围护墙水平位移差异率（两侧水平位移差值与 S_1 的比值）由 61%减小至 2.96%。可知，超载的增加可以减小两侧围护墙的水平位移差，使两侧围护墙向坑内的水平位移基本一致，可改善非对称开挖基坑的变形不对称状态。

墙体最大水平位移统计分析表 **表 5.13**

H_1, H_2(m)	S_1(mm)	S_2(mm)	$\frac{\lvert S_1-S_2 \rvert}{S_1}$(%)
15kPa	6.59	2.57	61.00
20kPa	5.90	3.28	44.41
25kPa	5.38	4.10	23.79
30kPa	5.07	4.92	2.96

5.8.2 围护墙弯矩对比

（1）减小开挖深侧围护墙墙深

提取模型 2 和围护墙深度改变后模型中的围护墙弯矩数据，得到工况 2 下围护墙弯矩如图 5.18 所示。表 5.14 为左侧围护墙深度改变时两侧围护墙弯矩最大值的统计分析表。

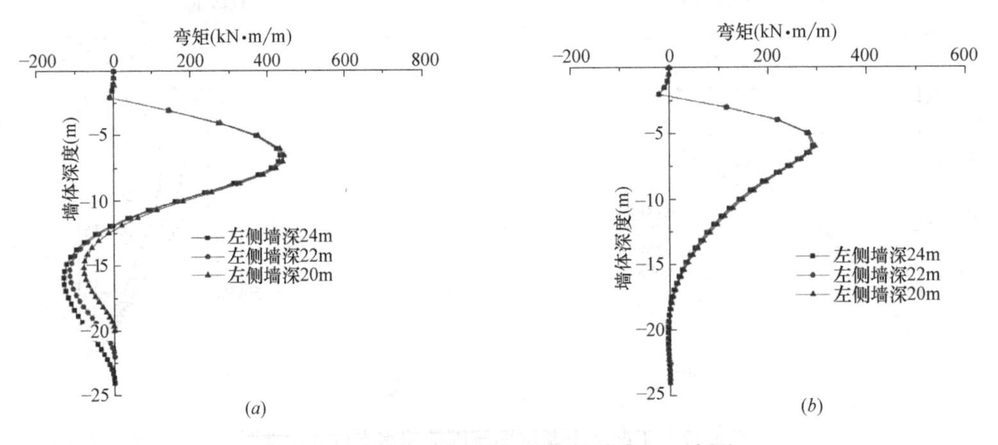

图 5.18 工况 2 下基坑两侧围护墙弯矩示意图

（a）左侧围护墙；（b）右侧围护墙

墙体最大弯矩统计分析表 **表 5.14**

左侧围护墙深(m)	M_1(kN·m/m)	M_2(kN·m/m)	$\frac{\lvert M_1-M_2 \rvert}{M_1}$(%)
24	433.42	290.87	32.89
22	439.21	294.01	33.06
20	443.60	295.68	33.34

从图 5.18 和表 5.14 中可以看出，随着左侧围护墙深度的减小，两侧围护墙最大弯矩均增大，差异率也均增大，但增大幅度较小。由表 5.14 可知，当左侧围护墙深由 24m 减小至 20m 时，左侧围护墙弯矩最大值由 433.42kN·m/m 增大到 443.60kN·m/m，增大了 2.3%，右侧围护墙弯矩最大值由 290.87kN·m/m 增大到 295.68kN·m/m，增大了 1.7%。可见，减小左侧围护墙深度对两侧围护墙受力有不利影响，但减小幅度较小时影响不大，基本可以忽略不计。

(2) 增大开挖浅侧坑外超载

提取模型 2 和超载改变后模型中的围护墙弯矩数据，得到工况 2 下的围护墙弯矩如图 5.19 所示。表 5.15 为增大浅侧坑外超载时两侧围护墙弯矩最大值的统计分析表。

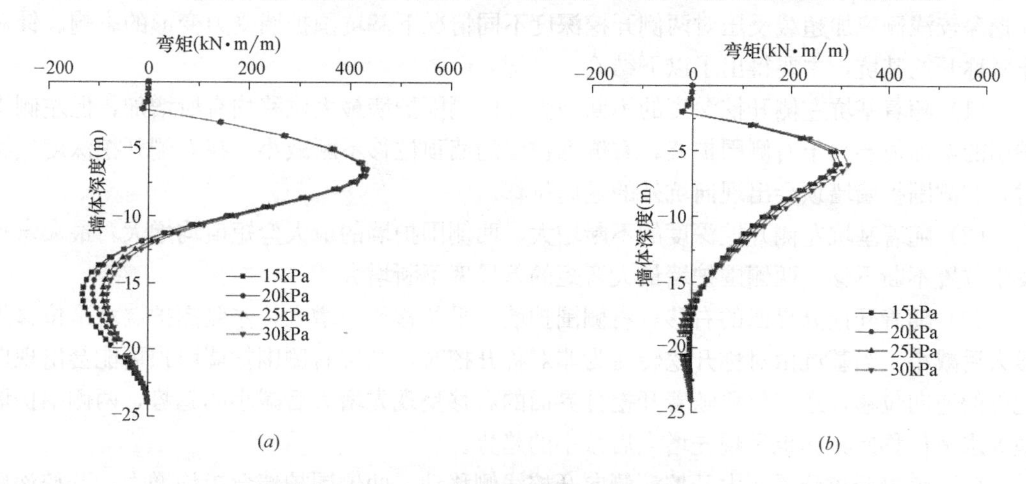

图 5.19　工况 2 下基坑两侧围护墙弯矩示意图

(a) 左侧围护墙；(b) 右侧围护墙

从图 5.19 中可以看出，随着基坑右侧超载的增大，右侧围护墙的正弯矩增大，左侧围护墙的正弯矩基本不变，负弯矩减小。这主要是因为右侧超载的增大，右侧围护墙所受主动土压力增大，从而使得围护墙正弯矩增加。而基坑右侧增加超载，使得基坑整体向右偏移的趋势受到减弱，从而使得右侧围护墙向坑内的位移量增大，左侧围护墙向坑内的位移量减小，左侧围护墙右侧土体产生的被动土压力减小，进而使得左侧围护墙的负弯矩减小。

墙体最大弯矩统计分析表　　**表 5.15**

超载大小	M_1(kN·m/m)	M_2(kN·m/m)	$\frac{\lvert M_1-M_2\rvert}{M_1}$(%)
15kPa	433.42	290.00	33.09
20kPa	426.12	290.33	31.87
25kPa	429.09	299.93	30.10
30kPa	434.61	316.46	27.19

从表 5.15 中可以看出，超载从 15kPa 增加到 30kPa 时，左侧围护墙的最大弯矩值 M_1 先减小后增大，而右侧围护墙的最大弯矩值 M_2 一直增大，从 290.87kN·m/m 增加

到了316kN·m/m，增长了8.6%，两侧围护墙弯矩差异率由33.09%减小到27.19%。可见，在开挖较浅侧施加超载反压，可以减小两侧围护墙弯矩差异率，改善非对称开挖基坑的受力不对称状态。

5.9 本章小结

本章使用有限元软件PLAXIS 2D建立了两侧开挖深度不同的基坑模型，通过改变基坑左侧开挖深度、改变开挖分界面位置研究了两侧开挖深度不同情况下基坑支护结构受力变形、坑外地表沉降和坑底隆起的变化规律。随后研究了在挖深较深侧缩短围护墙墙身和在挖深较浅侧施加超载反压对两侧开挖深度不同情况下基坑围护墙受力变形的影响。针对非对称开挖基坑，主要得出了以下结论：

（1）随着基坑左侧开挖深度的不断增大，两侧围护墙最大位移均有所增加，但左侧围护墙的增加值要大于右侧围护墙，右侧围护墙的墙顶位移不断减小，在左侧开挖深度较深时，右侧围护墙墙顶会出现向坑外的逆向位移。

（2）随着基坑左侧开挖深度的不断增大，两侧围护墙的最大弯矩值均增大，最大弯矩发生位置不断下移，两侧围护墙最大弯矩的差异率不断增大。

（3）随着开挖分界面的右移，右侧围护墙水平位移逐渐增大，左侧围护墙水平位移先增大后减小。当基坑由对称开挖转变为非对称开挖时，基坑右侧围护墙墙顶可能会出现向坑外的逆向位移，逆向位移随着开挖分界面的右移呈现先增大后减小的趋势，两侧围护墙最大水平位移差异率也呈现先增大后减小的趋势。

（4）随着开挖分界面由开挖深侧向开挖浅侧移动，两侧围护墙弯矩均增大，开挖深侧围护墙弯矩增大幅度由快变慢，开挖浅侧围护墙弯矩增大幅度由慢变快，开挖深侧围护墙弯矩最大值始终大于浅侧围护墙弯矩最大值。两侧围护墙弯矩最大值差异率随开挖分界面右移呈现先增大后减小的趋势，与水平位移差异率的变化趋势类似。

（5）随着基坑左侧开挖深度的不断增大，支撑轴力也逐渐增大，且不对称开挖情况下的支撑轴力大小介于按开挖浅侧深度对称开挖和按开挖深侧深度对称开挖的支撑轴力之间。

（6）随着基坑左侧开挖深度的不断增大，基坑两侧的坑外地表沉降均增大，但基坑左侧坑外地表沉降增大幅度较大，基坑右侧临近围护墙的土体会发生较大的隆起现象，且基坑右侧坑外地表沉降最大值发生位置逐渐远离基坑。

（7）随着开挖分界面从挖深较大侧向挖深较浅侧移动，两侧地表沉降变化不一，基坑左侧坑外地表沉降先增大后减小，基坑右侧坑外地表沉降先减小后增大，基坑右侧坑外地表沉降变化幅度明显小于基坑左侧。

（8）随着基坑左侧开挖深度的增大，左侧坑底隆起值增大，右侧坑底隆起值减小，隆起曲线呈非对称分布且愈加明显。随着开挖分界面的右移，坑底两侧隆起值均增大，但左侧的隆起量增加较多，隆起曲线呈非对称分布，坑底隆起量最大值发生位置随着土层开挖分界面的右移而右移，但最大值均发生在基坑左侧。

（9）对于基坑浅侧围护墙可能出现逆向位移的基坑，可适当减小开挖深侧围护墙深度。随着开挖深侧围护墙深度的减小，深侧围护墙的最大水平位移不断减小，浅侧围护墙的最大水平位移不断增大，浅侧围护墙的墙顶逆向位移值不断减小，基坑的非对称变形状态有所改善。随着开挖深侧围护墙深度的减小，两侧围护墙的最大弯矩值均增大，两侧围护墙的差异率也不断增大，但增大幅度较小，在围护墙深度减小较少时，增大幅度基本可以忽略不计。

（10）对于基坑浅侧围护墙可能出现逆向位移的基坑，可在基坑开挖前在其开挖浅侧坑外施加超载。随着浅侧坑外反压超载的增大，浅侧围护墙的最大水平位移不断增大，深侧围护墙的最大水平位移不断减小，浅侧围护墙的墙顶逆向位移值不断减小，当反压超载值增大到一定程度后，右侧围护墙墙顶不再发生向坑外的逆向位移，继续增加反压超载，可使两侧围护墙的最大位移值基本一致。随着基坑浅侧坑外反压超载值的增大，浅侧围护墙的正弯矩增大，深侧围护墙的正弯矩变化相对较小，可使两侧围护墙的弯矩差异率不断减小，使基坑受力更加对称。

参考文献

[1] 吴剑锋. 不平衡基坑开挖桩-撑式支护结构二维有限元分析［D］. 浙江大学，2008.

[2] 林刚. 不平衡基坑开挖桩撑式支护结构有限元分析［D］. 浙江大学，2010.

[3] 蔡袁强，李碧青，徐长节. 挖深不同情况下基坑支护结构性状研究［J］. 岩土工程学报，2010（S1）：28-31.

[4] 罗志元. 内撑式非对称开挖条件下的基坑变形研究［D］. 浙江大学，2012.

[5] 徐长节，成守泽，蔡袁强，等. 非对称开挖条件下基坑变形性状分析［J］. 岩土力学，2014（7）：1929-1934.

[6] 于江浩. 深基坑桩撑支护结构变形模拟分析［D］. 中国地质大学，2017.

[7] 章洁. 软土地区深基坑内撑式排桩支护的变形规律现场监测与数值模拟分析［D］. 浙江工业大学，2013.

第6章　两侧土质不同情况下基坑围护结构受力变形机理的有限元分析

6.1　概述

在上一章的模型计算分析中，假定计算范围内同一深度的土体土质是相同的。但在实际工程中，基坑两侧土体土质往往是不同的，特别是在山地地区，这种情况尤为明显，所以有必要对两侧土质不同的基坑围护结构进行研究。

之前一些学者的研究主要针对整个施工场地的土质不均匀[1,2]，针对两侧土质不同情况下基坑开挖受力变形的研究较少。本章在文献［3］的基础上，通过有限元软件 PLAXIS 2D 建立某深基坑算例模型，研究了在两侧土质不同情况时上下土层土质差异程度、土层分界线倾斜程度对支护结构受力变形、坑外地表沉降和坑底隆起的影响，随后研究了土质较好侧围护墙厚度变化和土质较好侧坑外加载反压对围护结构受力变形的影响，得出了一些对工程具有指导意义的结论。

6.2　有限元模型的建立及两侧不同土质工况介绍

采用的基坑算例宽度为 40m，基坑开挖深度为 10m，围护墙采用厚度 1.0m 的地下连续墙，墙深 20m。采用两道钢筋混凝土支撑，支撑截面为 0.6m×0.6m，支撑中心轴线标高为−3.0m，−6.0m，支撑水平间距为 5m。地连墙和支撑材料均采用 C30 混凝土。基坑两侧取地面超载 15kPa，超载离坑边 5m，超载宽度 10m。基坑剖面示意图见图 6.1。

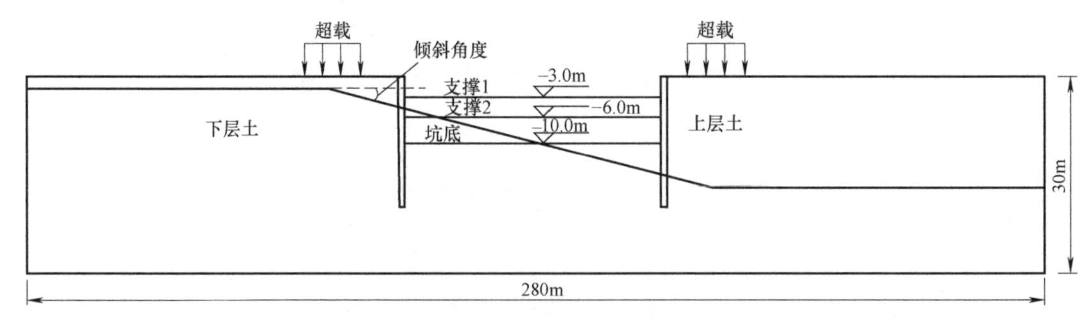

图 6.1　基坑剖面示意图

建立如图 6.2 所示的有限元模型，考虑建模的尺寸效应影响，取模型宽度为 280m，土层总厚度为 30m。采用板单元来模拟地下连续墙，用点对点锚杆单元来模拟混凝土内支撑，用界面单元来模拟地下连续墙与土的相互作用。地下水位位于地表以下 10.5m 处。边界条件为左右边界水平方向固定竖直方向自由，下边界为水平和竖直方向均固定，上边界为水平和竖直方向均自由。网格划分后生成 754 个单元，6443 个节点。断面 1-2-3-4 为两层土体的分界线。土层物理力学指标见表 6.1。

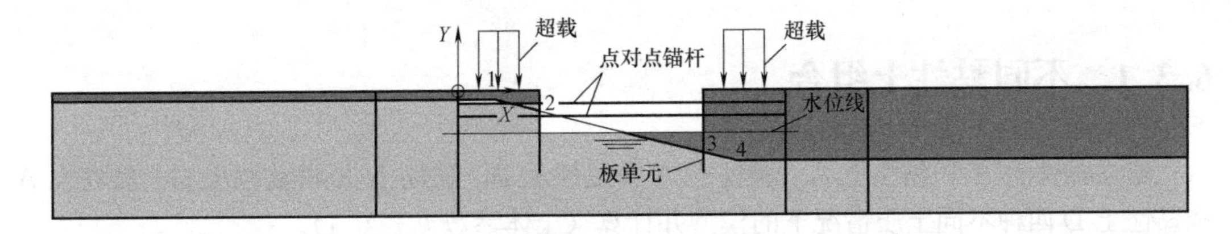

图 6.2　围护结构及土层分布模型图

土层物理力学性质指标　　表 6.1

土层名称	重度 γ (kN/m^3)	c' (kPa)	φ' (°)	Ψ (°)	孔隙比 e	E_{50}^{ref} (MPa)	E_{oed}^{ref} (MPa)
黏性土 A	20.1	7	33	3	0.65	10.5	10.5
黏性土 B	20.1	4	30	0	0.67	7.2	6.0
黏性土 C	19.23	4	29	0	0.76	6.7	5.6
黏性土 D	18.37	4	25	0	0.71	4	3.6

土层名称	E_{ur}^{ref} (MPa)	G_0^{ref} (MPa)	$\gamma_{0.7}$	v_{ur}	P^{ref} (kPa)	m	R_f
黏性土 A	42.0	209.8	2×10^{-4}	0.2	100	0.8	0.9
黏性土 B	42.0	168	2×10^{-4}	0.2	100	0.8	0.9
黏性土 C	39.1	109	2×10^{-4}	0.2	100	0.8	0.9
黏性土 D	15.6	64	2×10^{-4}	0.2	100	0.8	0.9

注：表中 c'为有效黏聚力，φ'为有效内摩擦角，Ψ 为剪胀角，E_{50}^{ref} 为三轴固结排水剪切试验的参考割线模量，E_{oed}^{ref} 为固结试验的参考切线模量，E_{ur}^{ref} 为三轴固结排水卸载再加载试验的参考卸载再加载模量，G_0^{ref} 为小应变刚度试验的参考初始剪切模量，$\gamma_{0.7}$ 为当割线剪切模量 G_{secant} 衰减为 0.7 倍的初始剪切模量 G_0 时对应的剪应变，v_{ur} 为泊松比，P^{ref} 为参考应力，m 为与模量应力水平相关的幂指数，R_f 为破坏比。

基坑开挖的具体实现步骤为：建立整个场地土体及支护结构模型；初始地应力的平衡，建立初始应力场，同时支护结构的刚度消失，即支护结构单元失去活性，使土体自重沉降过程中支护结构对土体自重沉降无影响；初始应力场引起的位移值清零，激活围护结构单元并施加地面以上超载；分层挖土并激活相应支撑，土体开挖是通过逐层使土单元失去活性实现的。其中具体计算工况如表 6.2 所示。

开挖阶段工况　　表 6.2

工况	基坑施工阶段
工况 1	开挖第一层土体至一层支撑底位置，并浇筑第一道混凝土支撑
工况 2	待第一道支撑强度达到要求强度后，开挖第二道土层深至－6.0m，浇筑第二道混凝土支撑
工况 3	待第二道支撑强度达到要求强度后，开挖第三层土体深至－10m

6.3 非均匀土质基坑墙体水平位移分析

6.3.1 不同黏性土组合

建立黏性土A和黏性土A，黏性土A和黏性土B，黏性土A和黏性土C，黏性土A和黏性土D四种不同土质情况下的模型并计算（土体参数见表6.1）。

通过有限元计算，4种不同黏性土组合下各工况基坑两侧围护墙的水平位移如图6.3～图6.5所示。

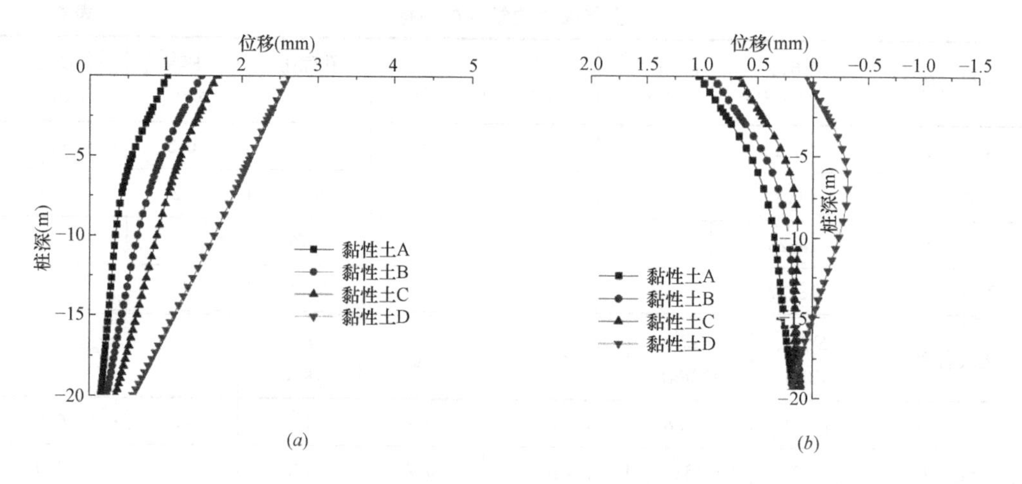

图6.3　工况1下基坑两侧围护墙水平位移示意图

（*a*）左侧围护墙；（*b*）右侧围护墙

注：图例中标注的黏性土A、B、C、D均指下层土，上层土均为黏性土A（下同）。

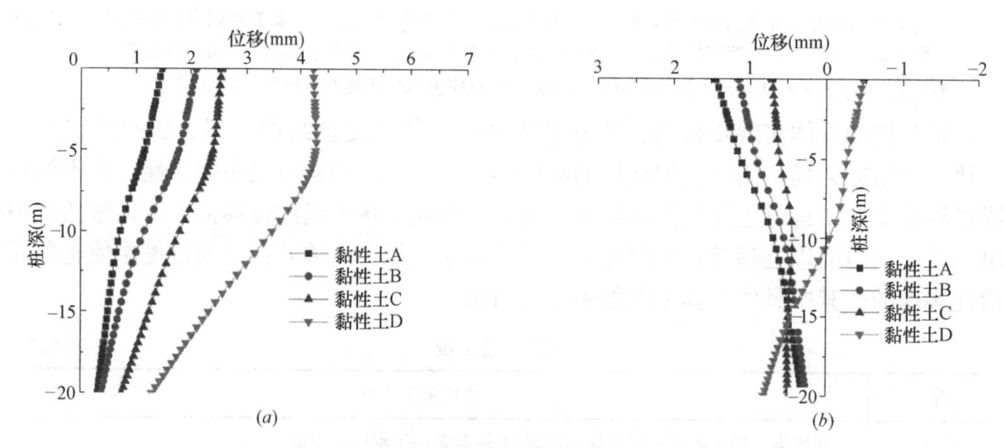

图6.4　工况2下基坑两侧围护墙水平位移示意图

（*a*）左侧围护墙；（*b*）右侧围护墙

从图6.3中可以看出，当土质均匀（上下层均为黏性土A）时，两侧围护墙的变形也一样，当下层土与上层土参数差异变大时，两侧围护墙的变形差异也越来越大。随着下层土强度参数、弹性模量等参数的减小，左侧围护墙的位移值逐渐增大，而右侧围护墙的位移值逐渐减小。

从图 6.4 中可以看出，当下层土与上层土参数差异较大时，右侧围护墙顶部会出现向坑外的逆向位移，这主要是因为左侧围护墙受下层土参数变化的影响较大，当下层土的内摩擦角变小时，左侧围护墙受到的主动土压力变大，被动土压力变小，引起支撑左侧支点所受的压力大于右侧围护墙传递的压力，所以支撑会产生整体向右移动的趋势，减小了基坑右侧围护墙的位移。

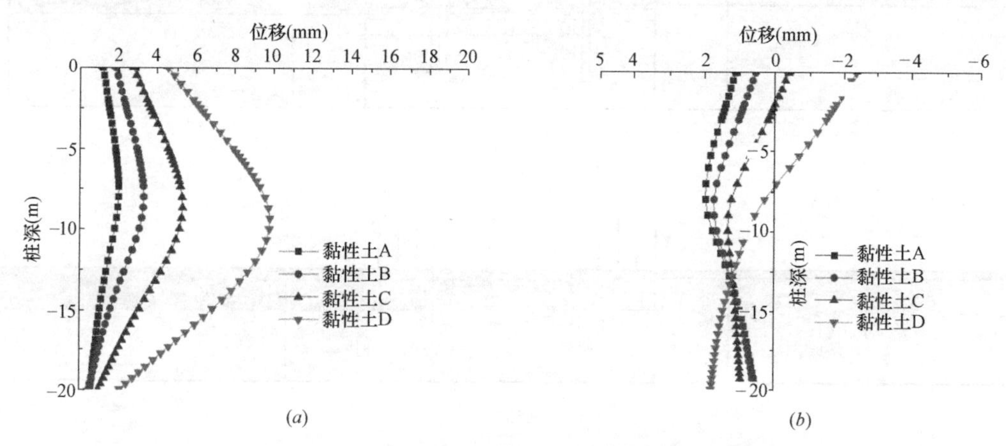

图 6.5 工况 3 下基坑两侧围护墙水平位移示意图

(*a*) 左侧围护墙；(*b*) 右侧围护墙

从图 6.5 中可以看出，随着开挖深度增大，下层土为黏性土 C 时右侧围护墙墙顶也出现了逆向位移，下层土为黏性土 D 时右侧围护墙墙顶的逆向位移值进一步增加。由表 6.3 可知，随着下层土的强度参数和弹性模量等参数的减小，左侧围护墙的水平位移最大值不断增大，最大值发生位置不断下移；右侧围护墙的水平位移最大值不断减小，最大值发生位置不断下移，当下层土为黏性土 D 时，最大位移值发生在墙顶，且向坑外位移。

墙体最大水平位移统计分析表 **表 6.3**

左侧围护墙	黏性土 A	黏性土 B	黏性土 C	黏性土 D
最大位移值(mm)	2.03	3.33	5.33	9.83
发生位置(m)	−7.36	−8.02	−8.68	−9.34
右侧围护墙	黏性土 A	黏性土 B	黏性土 C	黏性土 D
最大位移值(mm)	1.97	1.72	1.33	2.35(坑外)
发生位置(m)	−8	−9	−10	0

6.3.2 不同土层分界线倾斜角度

在上层土为黏性土 A、下层土为黏性土 C 的模型中，改变土层分界线的倾斜角度，得到不同倾斜角度的非均匀土质基坑模型并计算，模型如图 6.6 所示。通过有限元模型计算，4 种不同倾斜角度下各工况非均匀土质基坑两侧围护墙的水平位移如图 6.7～图 6.9 所示。

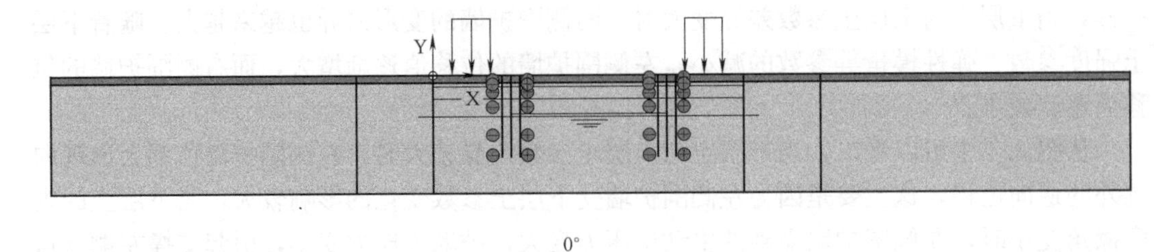

0°

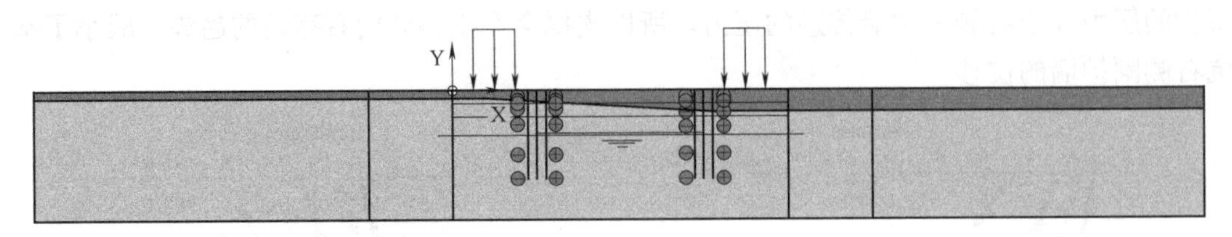

2.86°

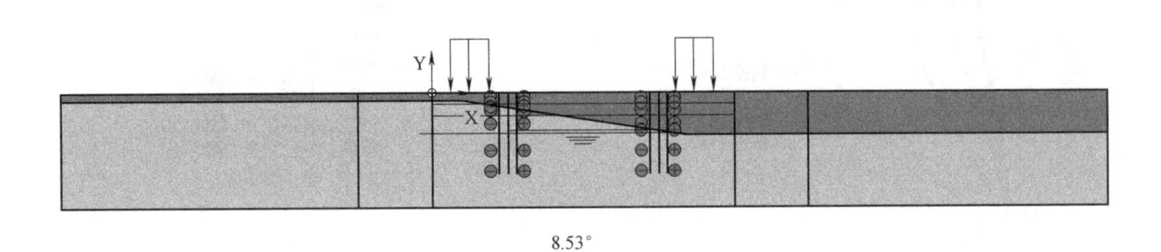

8.53°

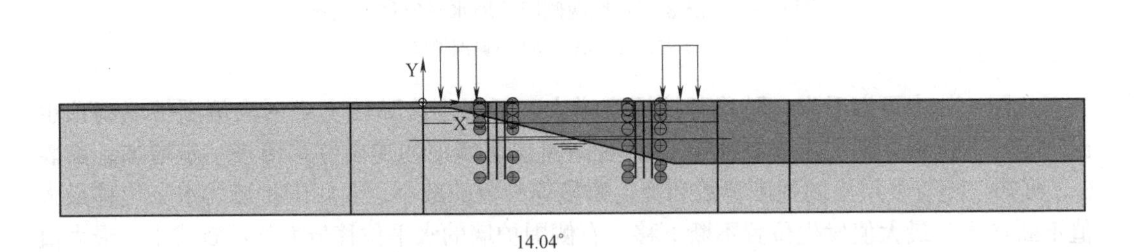

14.04°

图 6.6　不同土层分界线倾斜角度的基坑模型

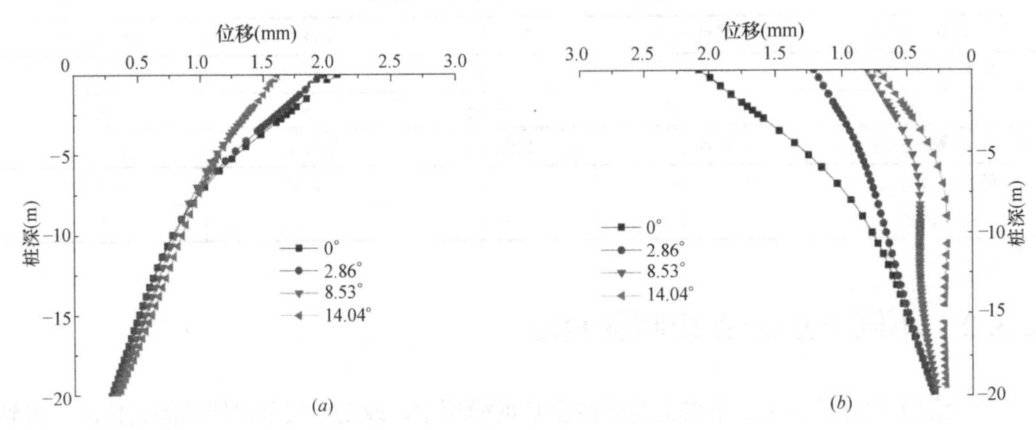

图 6.7　工况 1 下基坑两侧围护墙水平位移示意图

(*a*) 左侧围护墙；(*b*) 右侧围护墙

从图 6.7 中可以看出，随着土层分界线倾斜角度的增大，两侧围护墙的位移值均不断减小。工况 1 时支撑还没有发挥作用，围护墙的位移主要受两侧土压力变化的影响。左侧围护墙的位移变化相对较小，右侧围护墙的位移变化相对较大。这主要是因为分界线倾斜角度改变时，右侧围护墙的两侧土层变化较大。当倾斜角度分别为 0°、2.86°、8.53°、14.04°时，围护墙的水平位移最大值为 2.07mm、1.20mm、0.80mm、0.72mm。此阶段为悬臂开挖阶段，最大位移均发生在墙顶。

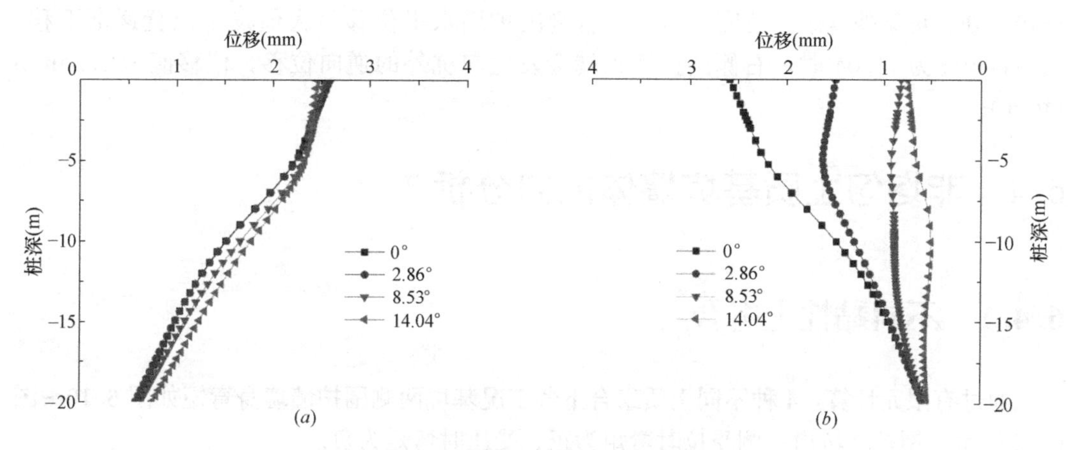

图 6.8　工况 2 下基坑两侧围护墙水平位移示意图

(*a*) 左侧围护墙；(*b*) 右侧围护墙

从图 6.8 中可以看出，随着土层分界线倾斜角度的增大，右侧围护墙的位移值不断减小，且位移最大值发生位置也发生了变化，左侧围护墙的位移值变化较小。当倾斜角度分别为 0°、2.86°、8.53°、14.04°时，右侧围护墙的水平位移最大值为 2.58mm、1.63mm、0.93mm、0.76mm，最大位移发生位置为墙深 0m、−4.95m、−5.25m、0m 处。这主要是因为工况 2 时，随着倾斜角度的改变，基坑内侧和外侧的土层均发生了变化，导致右侧围护墙在不同的被动土压力和主动土压力组合下变形曲线由悬臂形变为“鼓肚子”形又变为悬臂形。

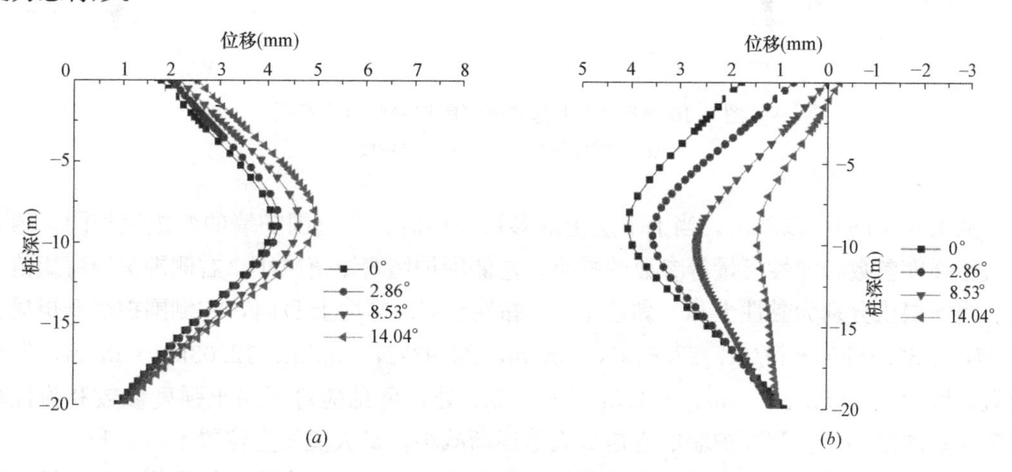

图 6.9　工况 2 下基坑两侧围护墙水平位移示意图

(*a*) 左侧围护墙；(*b*) 右侧围护墙

从图 6.9 中可以看出，随着土层分界线倾斜角度的增大，右侧围护墙的位移值减小，左侧围护墙的位移值增大。这主要是因为随着倾斜角度的增大，基坑右侧的主动土压力不断减小，基坑左侧的主动土压力基本保持不变，基坑两侧土压力差值越来越大，基坑发生向右侧的整体偏移，从而导致了左侧围护墙的位移值增大，右侧围护墙的位移值减小。当倾斜角度分别为 0°、2.86°、8.53°、14.04°时，右侧围护墙的水平位移最大值为 4.07mm、3.56mm、2.66mm、1.42mm，最大位移发生位置为墙深－9m、－9.43m、－10m、－10m 处。可见随着倾斜角度的增大，右侧围护墙水平位移最大值发生位置逐渐下移。当倾斜角度为 14.04°时，右侧围护墙顶端会发生向坑外的逆向位移，位移值为 0.25mm（坑外）。

6.4 非均匀土质基坑墙体内力分析

6.4.1 不同黏性土组合

通过有限元计算，4 种不同土质组合下各工况基坑两侧围护墙墙身弯矩如图 6.10～图 6.12 所示。围护墙坑内一侧受拉时弯矩为正、受压时弯矩为负。

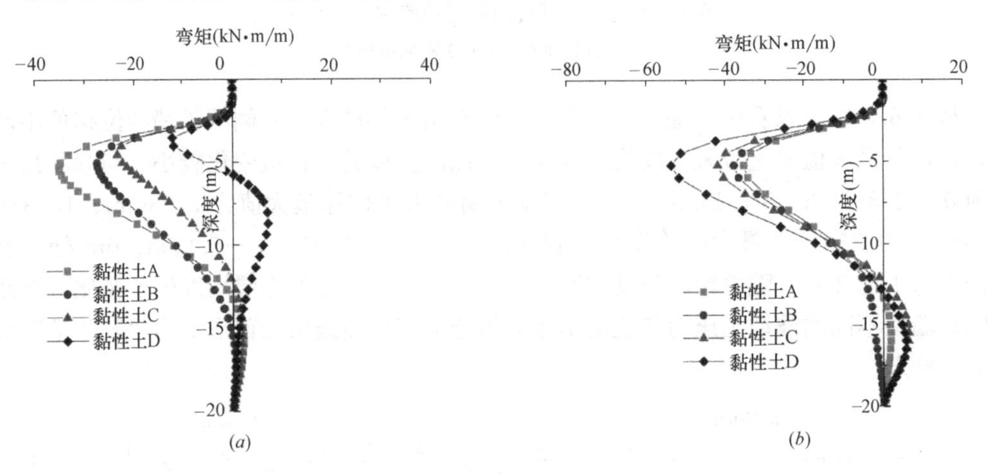

图 6.10　工况 1 下基坑两侧围护墙弯矩示意图

（*a*）左侧围护墙；（*b*）右侧围护墙

从图 6.10 中可以看出，当上下层土的参数一样时，两侧围护墙的弯矩值相同。随着下层土强度参数和弹性模量等参数的减小，左侧围护墙弯矩值减小，右侧围护墙弯矩值增大。当下层土分别为黏性土 A、黏性土 B、黏性土 C、黏性土 D 时，左侧围护墙弯矩最大值 M_1 为 35.18kN·m/m、27.61kN·m/m、22.93kN·m/m、12.03kN·m/m，发生位置为墙深－5.25m、－5m、－4.5m、－3.5m 处，可见随着下层土强度参数和弹性模量等参数的减小，左侧围护墙的弯矩最大值逐渐减小，最大值发生位置不断上升。

从图 6.11 中可以看出，随着基坑开挖深度的增加，第一道支撑开始发挥作用，围护墙的弯矩曲线发生了显著变化。右侧围护墙的弯矩变形趋势更加复杂，当下层土分别为黏性土

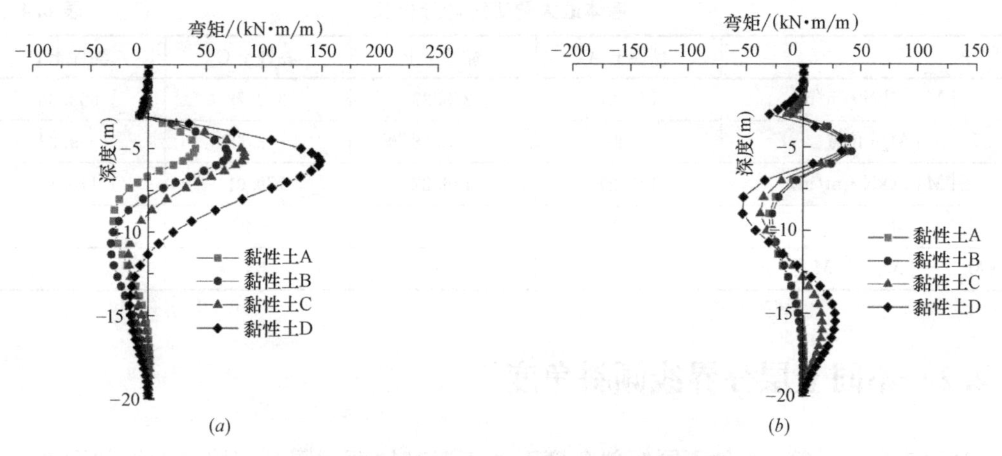

图 6.11　工况 2 下基坑两侧围护墙弯矩示意图

（*a*）左侧围护墙；（*b*）右侧围护墙

A、黏性土 B、黏性土 C、黏性土 D 时，右侧围护墙的弯矩最大值 M_2 为 39.08kN·m/m（负弯矩）、41.82kN·m/m（负弯矩）、38.32kN·m/m（正弯矩）、53.12kN·m/m（正弯矩），发生位置为墙深－5.25m、－5.25m、－9m、－9m 处。可见随着下层土强度参数和弹性模量等参数的变小，M_2 发生位置会由开挖面附近下移到－9m 处。

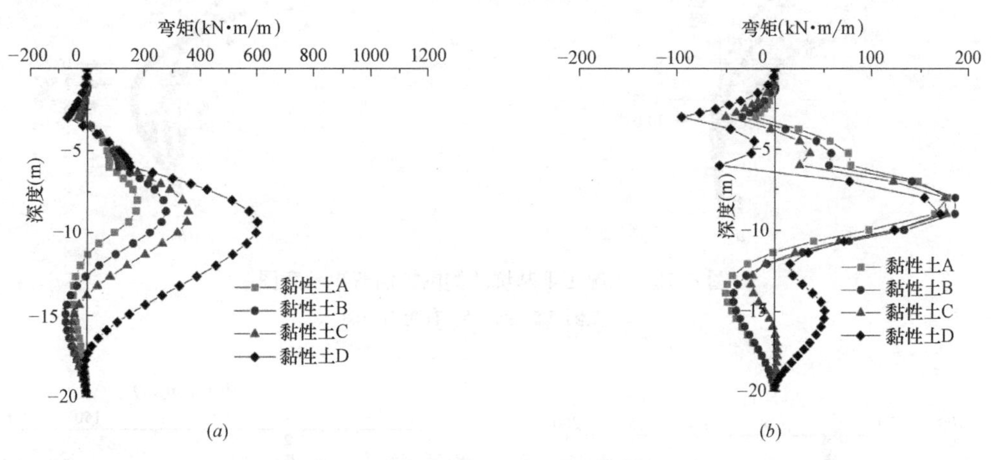

图 6.12　工况 3 下基坑两侧围护墙弯矩示意图

（*a*）左侧围护墙；（*b*）右侧围护墙

从图 6.12 中可以看出，工况 3 时，随着下层土强度参数和弹性模量等参数的减小，两侧围护墙弯矩差异逐渐增大。由表 6.4 可知，当下层土分别为黏性土 A、黏性土 B、黏性土 C、黏性土 D 时，左侧围护墙弯矩最大值显著增大，右侧围护墙弯矩最大值基本不变，两侧围护墙弯矩最大值的差异率（左侧围护墙最大弯矩 M_1 与右侧围护墙最大弯矩 M_2 的差值与 M_1 的比值）分别为 0%、33%、53%、72%，两侧围护墙弯矩最大值发生位置均有下移的趋势。当两侧围护墙结构最大弯矩值差异率相差超过 10%时，两侧围护墙应分别进行配筋设计，可见在非均匀土质情况下，不能简单地取最不利钻孔土层分布按均匀土质的情况进行设计，而应该考虑土层的变化性来进行配筋设计。

	黏性土 A	黏性土 B	黏性土 C	黏性土 D
$\|M_1\|$ (kN·m/m)	177.27	278.37	382.78	603.34
$\|M_2\|$位置	−8	−8.68	−8.68	−9.34
$\|M_2\|$ (kN·m/m)	177.27	186.27	179.01	170.17
$\|M_2\|$位置	−8	−8	−9	−9
$\|\|M_1\|-\|M_2\|\|/\|M_1\|$ (%)	0	33	53	72

墙体最大弯矩统计分析表　　表 6.4

6.4.2 不同土层分界线倾斜角度

通过有限元计算，4 种不同倾斜角度下各工况基坑两侧围护墙墙身弯矩如图 6.13～图 6.15 所示。

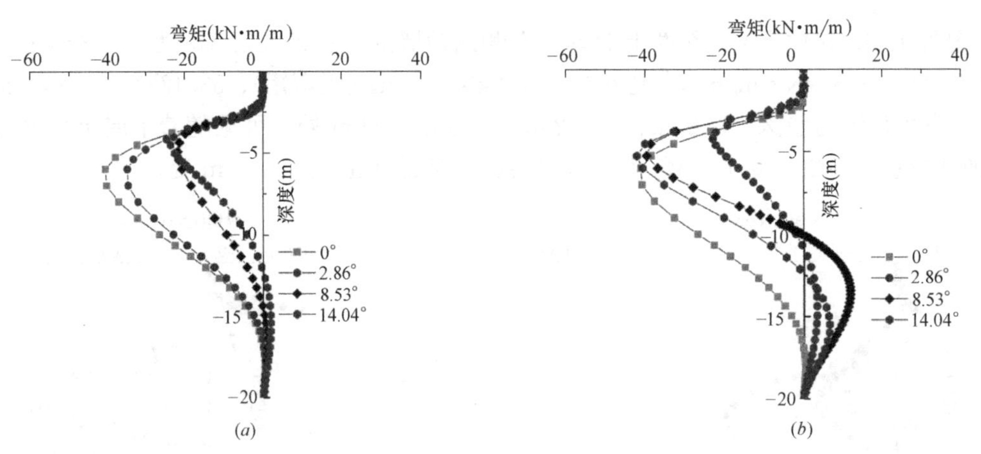

图 6.13　工况 1 下基坑两侧围护墙弯矩示意图

(a) 左侧围护墙；(b) 右侧围护墙

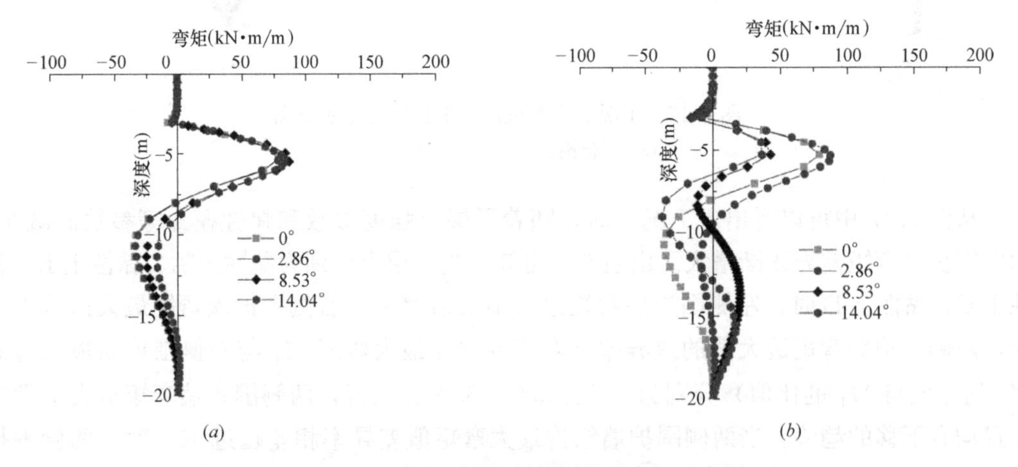

图 6.14　工况 2 下基坑两侧围护墙弯矩示意图

(a) 左侧围护墙；(b) 右侧围护墙

从图 6.13 中可以看出，随着土层分界线倾斜角度的增大，左侧围护墙负弯矩呈现逐渐减小的趋势，右侧围护墙负弯矩呈现先减小后增大的趋势。由图 6.2 可知，开挖第一层土之后，在不同的土层倾斜角度下，右侧围护墙左侧和右侧的土层均有所变化。一开始时右侧土层变化相对明显（图 6.6），导致主动土压力减小，围护墙的变形减小，从而使得被动土压力减小，进而使得围护墙的负弯矩减小。随着倾斜角度的继续增大，右侧围护墙的左侧土层变化相对明显，因为上层土的黏聚力和内摩擦角较大，会产生较大的被动土压力，从而使得右侧围护墙的负弯矩开始出现增大。

从图 6.14 中可以看出，随着土层分界线倾斜角度的增大，左侧围护墙正弯矩基本保持不变，负弯矩出现减小的趋势，右侧围护墙负弯矩出现先增大后减小的趋势。

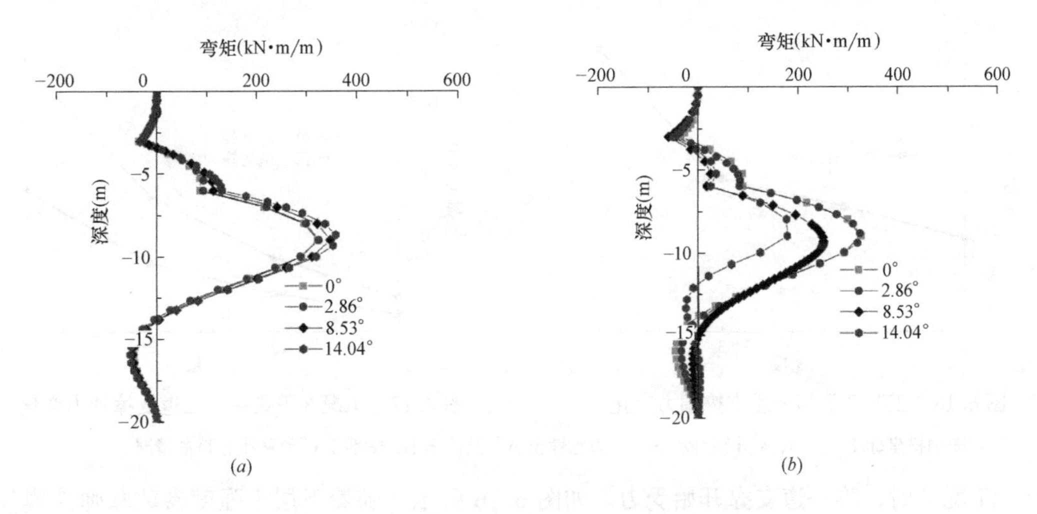

图 6.15　工况 3 下基坑两侧围护墙弯矩示意图

(*a*) 左侧围护墙；(*b*) 右侧围护墙

从图 6.15 中可以看出，随着土层分界线倾斜角度的增大，左侧围护墙弯矩变化不大，右侧围护墙弯矩最大值呈逐渐减小趋势。当倾斜角度分别为 0°、2.86°、8.53°、14.04°时，右侧围护墙弯矩最大值为 324kN·m/m、323kN·m/m、250kN·m/m、177kN·m/m，由表 6.5 可知两侧围护墙弯矩最大值差异率分别为 0%、0.3%、28%、51%。当两侧围护墙弯矩差值超过 20%时，需要对两侧围护墙分别进行配筋设计，本算例中，当倾斜角度为 8.53°及以上时，需要对两侧围护墙分别进行配筋设计。

墙体最大弯矩统计分析表　　　　**表 6.5**

弯矩 \ 倾斜角度	0°	2.86°	8.53°	14.04°
$\|M_1\|$ (kN·m/m)	324	323	347	358
$\|M_2\|$ (kN·m/m)	324	322	250	177
$\|\|M_1\|-\|M_2\|\|/\|M_1\|$ (%)	0	0.3	28	51

6.5 非均匀土质基坑支撑轴力和位移分析

6.5.1 不同黏性土组合

通过有限元计算，4 种不同土质组合下基坑支撑轴力如图 6.16、图 6.17 所示，支撑两侧端点水平位移如图 6.18、图 6.19 所示。

（1）支撑轴力分析

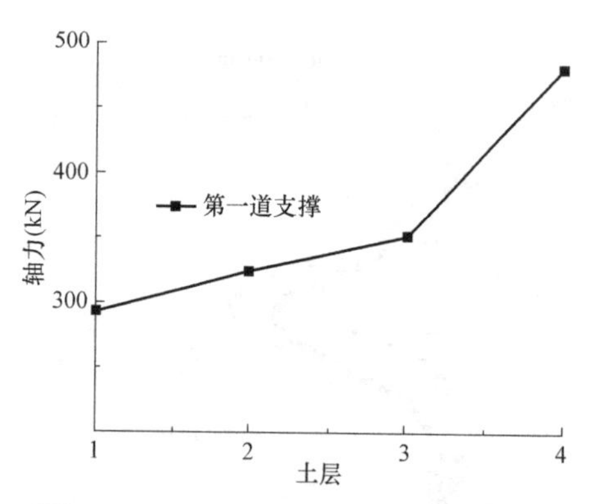

图 6.16 工况 2 下第一道支撑轴力变化

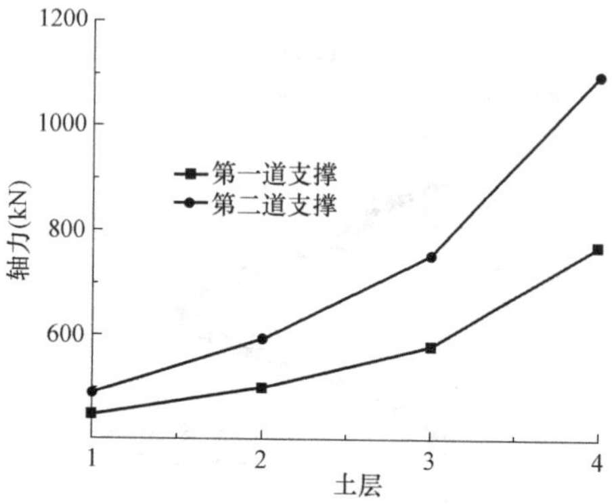

图 6.17 工况 3 下第一、二道支撑轴力变化

注：图中横坐标 1、2、3、4 分别表示下层土为黏性土 A、黏性土 B、黏性土 C 和黏性土 D 的情况。

工况 2 时，第一道支撑开始受力，如图 6.16 所示。随着下层土强度参数和弹性模量等参数的改变，支撑轴力不断增加。下层土为黏性土 A 时，支撑轴力为 292kN，当下层土为黏性 D 时（上下两层土强度参数和弹性模量等参数差异较大时），支撑轴力为 481kN，约为前者的 1.6 倍，可见两侧土质不均匀程度对支撑轴力的影响比较大。

工况 3 时，两道支撑均开始受力，如图 6.17 所示。与工况 2 相比，第一道支撑轴力继续增加。第二道支撑轴力随下层土参数的改变而增大，下层土为黏性土 A 时，第二道支撑轴力为 487kN，当下层土为黏性土 D 时，第二道支撑轴力为 1097kN，增大约 125%。第二道支撑的轴力显著大于第一道支撑，且随着上下土层参数差异的增大二者差异越来越大。

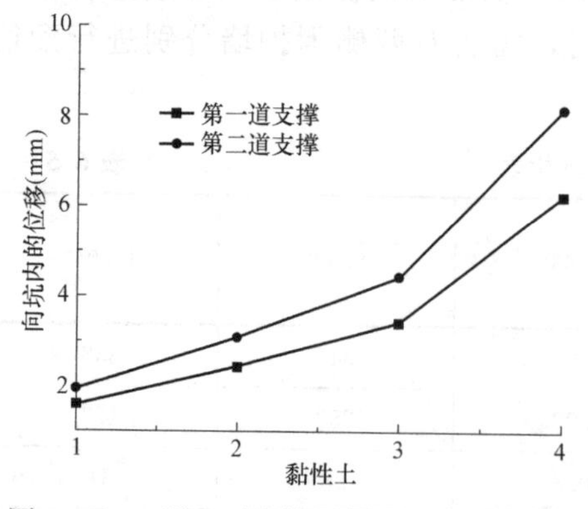

图 6.18 工况 3 下支撑左侧端点水平位移量

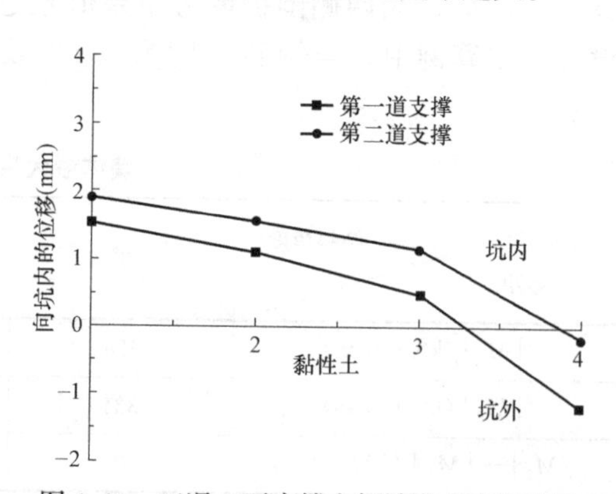

图 6.19 工况 3 下支撑右侧端点水平位移量

（2）支撑位移分析

工况 3 时，两道支撑左侧端点的水平位移如图 6.18 所示。基坑开挖到坑底时，两道支撑左侧端点均往坑内移动，第二道支撑的位移量大于第一道支撑，随着上下两层土强度参数和弹性模量等参数差异的增大，两道支撑的左侧端点位移差距逐渐增大。当下层土为黏性土 A 时，第一道支撑左侧端点的位移量为 1.58mm，第二道支撑为 1.946mm，相差约 23%；当下层土为黏性土 D 时，第一道支撑左侧端点的位移量为 6.22mm，第二道支撑为 8.17mm，相差约 31%。随着下层土强度参数和弹性模量等参数的减小，两道支撑左侧端点位移量均增大。

工况 3 时，两道支撑右侧端点的水平位移如图 6.19 所示。基坑开挖到坑底时，第二道支撑的右侧端点位移量大于第一道支撑。当上下两层土参数差别不大时，两道支撑的右侧端点均往坑内移动，而当上下两层土参数差异过大时，两道支撑的右侧端点均出现了往坑外移动的现象，支撑发生向右的整体偏移。随着下层土强度参数和弹性模量等参数的减小，两道支撑的右侧端点位移量均呈减小趋势，第一道支撑的减小速度快于第二道支撑，两道支撑的位移差值越来越大。在实际工程中，支撑的整体偏移会使支撑的受力特征改变，影响支撑效果的发挥甚至导致支撑失效，因此在非均匀土质基坑设计时有必要考虑土质的非均匀性进行设计，这点值得引起基坑设计人员的注意。

6.5.2 不同土层分界线倾斜角度

（1）支撑轴力分析

为了更好地分析支撑轴力和位移的变化规律，增加了倾斜角度为 5.71°、11.31°两组模型。通过计算得出 6 种倾斜角度下非均匀基坑支撑轴力大小如图 6.20、图 6.21 所示，支撑两端点水平位移量如图 6.22、图 6.23 所示。

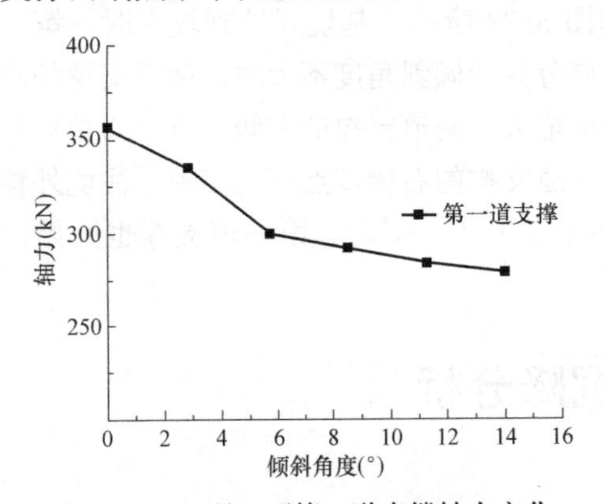

图 6.20 工况 2 下第一道支撑轴力变化

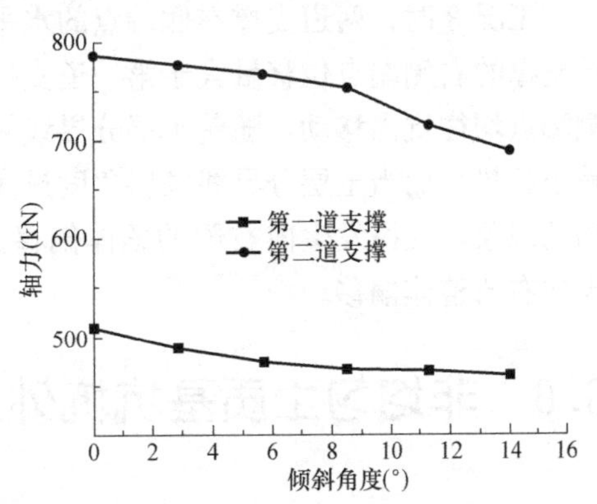

图 6.21 工况 3 下第一、二道支撑轴力变化

工况 2 时，第一道支撑开始受力，如图 6.20 所示。随着土层分界线倾斜角度的增大，支撑轴力不断减小，倾斜角度为 0°时，支撑轴力为 356.7kN，当倾斜角度增大到 14.04°时，支撑轴力为 278.5kN，可见土层分界线倾斜角度对支撑轴力的影响较大。

工况 3 时，两道支撑均开始受力，如图 6.21 所示。与工况 2 相比，工况 3 时第一道支撑轴力有所增加，两道支撑轴力均随土层分界线倾斜角度的增大而减小。倾斜角度为

0°时，第二道支撑轴力为 786.8kN，当倾斜角度增大到 14.04°时，第二道支撑轴力为 689.8kN，减小约 12.3%。第二道支撑轴力显著大于第一道支撑轴力，约为第一道支撑轴力的 1.5 倍，而且随着土层分界线倾斜角度的增大，第二道支撑轴力减小速度也快于第一道支撑。

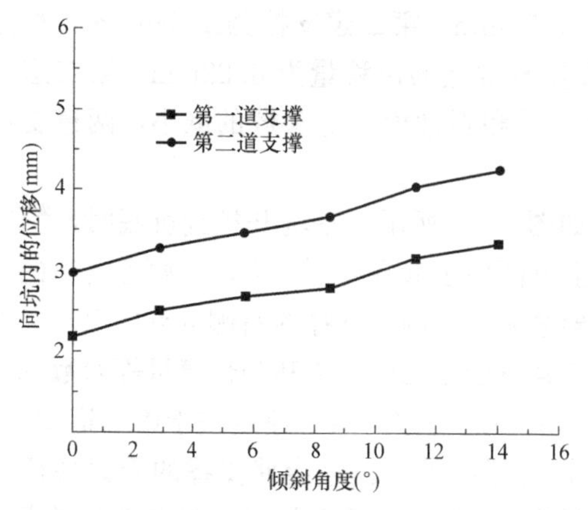

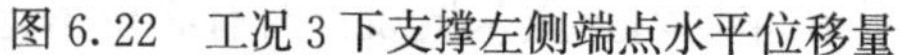
图 6.22　工况 3 下支撑左侧端点水平位移量

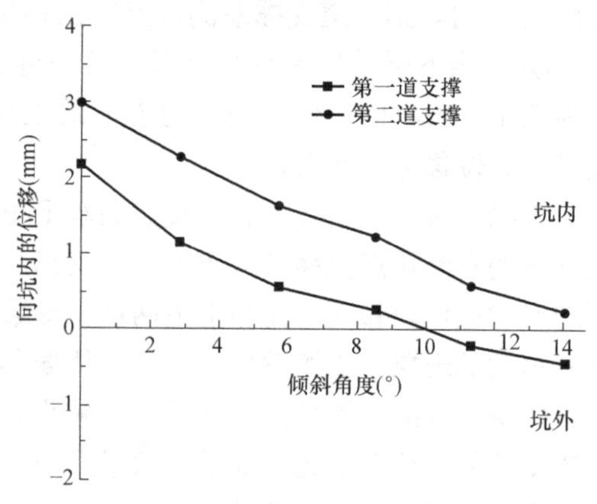

图 6.23　工况 3 下支撑右侧端点水平位移量

（2）支撑位移分析

工况 3 时，两道支撑左侧端点的水平位移如图 6.22 所示。基坑开挖到坑底时，两道支撑左侧端点均往坑内移动，第二道支撑的位移量显著大于第一道支撑，随着土层分界线倾斜角度的增大，两道支撑的左侧位移差值小幅度增大。倾斜角度为 0°时，第一道支撑左侧端点的位移量为 2.172mm，第二道支撑为 2.97mm，相差约 0.8mm，倾斜角度为 14.04°时，第一道支撑左侧端点的位移量为 3.343mm，第二道支撑为 4.251mm，相差约 0.9mm。随着土层分界线倾斜角度的增大，两道支撑左侧端点的位移量大致呈线性增长。

工况 3 时，两道支撑右侧端点的水平位移如图 6.23 所示。基坑开挖到坑底时，第二道支撑的右侧端点位移量大于第一道支撑。当土层分界线倾斜角度不大时，两道支撑的右侧端点均往坑内移动，随着土层分界线倾斜角度的增大，两道支撑的右侧端点位移量均呈减小趋势。而当土层分界线倾斜角度过大时，第一道支撑的右侧端点首先出现了往坑外移动的现象，支撑发生向右侧的整体偏移。在倾斜角度为 11.31°时，第一道支撑也开始出现向右的整体偏移。

6.6　非均匀土质基坑坑外地表沉降分析

6.6.1　不同黏性土组合的非均匀土质基坑

通过有限元计算，4 种不同土质组合下基坑两侧坑外地表沉降变形曲线如图 6.24、图 6.25 所示。

从图 6.24 中可以看出，随着下层土强度参数和弹性模量等参数的减小，左侧坑外地表沉降呈增大趋势。当下层土分别为黏性土 A、黏性土 B、黏性土 C、黏性土 D 时，坑外

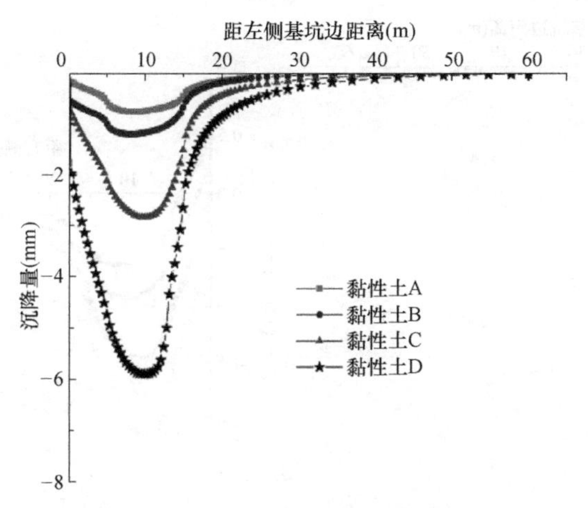

图 6.24　工况 3 时基坑左侧地表沉降变形曲线

最大地表沉降值为－0.74mm、－1.27mm、－2.88mm、－6.91mm，发生位置均为距左侧基坑边 9.0m 左右。基坑开挖引起的坑外地表沉降主要影响范围大约为基坑周围 20m，即 2 倍基坑开挖深度，20m 之外的坑外地表沉降值相对较小。

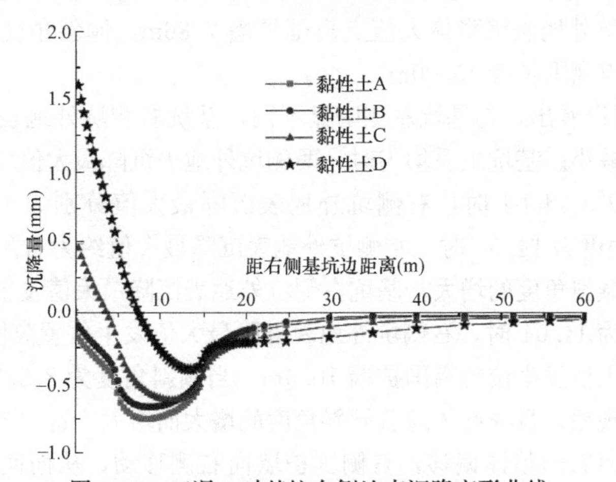

图 6.25　工况 3 时基坑右侧地表沉降变形曲线

从图 6.25 中可以看出，随着下层土强度参数和弹性模量等参数的减小，右侧坑外地表沉降呈减小趋势，坑外地表沉降最大值发生位置逐渐远离坑边。当下层土分别为黏性土 A、黏性土 B、黏性土 C、黏性土 D 时，右侧坑外地表沉降最大值为－0.76mm、－0.675mm、－0.625mm、－0.410mm，最大值发生位置为坑边 8.57m、8.923m、11.43m、13.57m。下层土强度参数和弹性模量等参数较小时，右侧基坑边会出现隆起现象。当下层土为黏性土 C 和黏性土 D 时，最大隆起值分别为 0.79mm、2.0mm。

6.6.2　不同倾斜角度的非均匀土质基坑

通过有限元计算，4 种不同倾斜角度下基坑两侧坑外地表沉降变形曲线如图 6.26、图 6.27 所示。

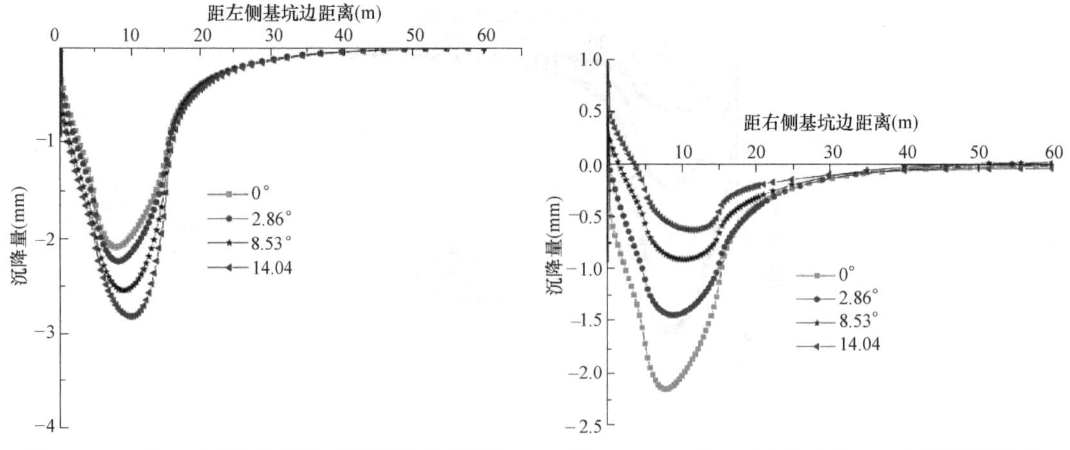

图 6.26　工况 3 时基坑左侧地表沉降变形曲线图　　图 6.27　工况 3 时基坑右侧地表沉降变形曲线

从图 6.26 中可以看出，土层分界线倾斜角度越大，基坑左侧的坑外地表沉降值越大，其中倾斜角度为 0°、2.86°、8.53°、14.04°时的坑外地表沉降最大值分别为 2.10mm、2.25mm、2.55mm、2.83mm。倾斜角度越大，最大地表沉降发生位置离围护墙越远，倾斜角度为 0°时左侧坑外地表沉降最大值点离围护墙 7.86m，倾斜角度为 14.04°时左侧坑外地表沉降最大值点离围护墙 10.00m。

从图 6.27 中可以看出，与基坑左侧明显不同，基坑右侧坑外地表沉降随土层分界线倾斜角度的增大而减小。基坑土质均匀时，两侧坑外地表沉降最大值均为 2.10mm，倾斜角度为 2.86°、8.53°、14.04°时，右侧坑外地表沉降最大值分别为 1.44mm、0.91mm、0.63mm。当倾斜角度为 14.04°时，左侧坑外地表沉降最大值约为右侧坑外地表沉降最大值的 4.5 倍。随着倾斜角度的增大，基坑右侧坑外地表沉降最大值发生位置离围护墙越来越远。当倾斜角度为 14.04°时，右侧坑外地表沉降最大值发生位置离围护墙 11.43m，左侧坑外地表沉降最大值发生位置离围护墙 10.0m。当倾斜角度为 8.53°时，右侧围护墙附近的地表出现隆起现象，且隆起量随着倾斜角度的增大而增大，这主要是因为倾斜角度过大时，基坑发生了向右的整体偏移，右侧围护墙向右侧移动，从而使得临近的土体出现隆起。

6.7　非均匀土质基坑坑底隆起分析

6.7.1　不同黏性土组合

通过有限元计算，4 种不同土质组合下基坑坑底隆起曲线如图 6.28 所示。

从图 6.28 中可以看出，当下层土与上层土参数相同时，坑底隆起曲线呈对称分布。因为基坑宽度相对较大，坑底为两头隆起量大中间隆起量小的塑性隆起。当下层土的强度参数和弹性模量等参数逐渐减小时，两侧坑底隆起值均增大，但左侧坑底的隆起增量大于右侧，坑底隆起曲线呈现出非对称分布形式。当下层土分别为黏性土 A、黏性土 B、黏性土 C、黏性土 D 时，坑底隆起最大值为 8.66mm、12.95mm、27.59mm、71.76mm，隆起最大值发生位置分别离左侧围护墙 10.95m、3.72m、3.72m、3.72m。

6.7.2 不同土层分界线倾斜角度

通过有限元计算，4 种不同倾斜角度下基坑坑底隆起曲线如图 6.29 所示。

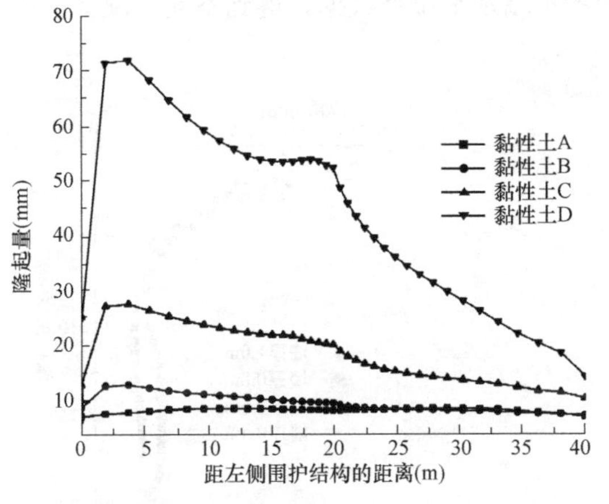

图 6.28 非均匀土质基坑的坑底隆起曲线

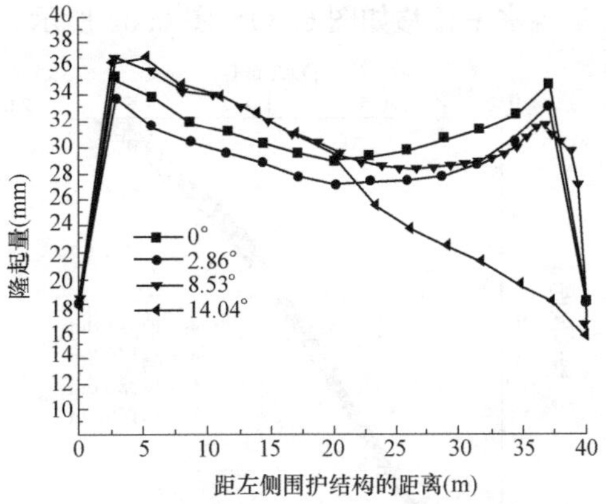

图 6.29 非均匀土质基坑的坑底隆起曲线

由图 6.29 可知：

① 本算例中，基坑宽度相对较大，基坑坑底隆起呈双峰形状，基坑底中心点隆起量较小，基坑底两侧的隆起量较大。

② 土质均匀时，坑底隆起呈对称分布。土层分界线倾斜角度增大时，右侧坑底隆起逐渐减小，坑底隆曲线呈非对称。当倾斜角度由 8.53°变为 14.04°时，右侧坑底隆起值出现显著减小，这主要是因为倾斜角度为 14.04°时，坑底土层发生了较大变化，右侧坑底存在部分黏性土 A（之前的角度右侧坑底均为黏性土 C），而黏性土 A 的回弹模量显著大于黏性土 C，因此坑底隆起出现了显著减小。

6.8 优化措施分析

在实际工程中，针对两侧土质差异较大的基坑，往往会按照土质较差侧进行基坑支护设计，通过以上的分析可知，这样设计出的基坑会出现土质较差侧围护墙变形受力大于设计值的情况，基坑是处于偏危险的状态，而土质较好侧的围护墙没能发挥其全部作用，甚至会出现向坑外逆向位移的现象。为此，针对两侧土质不同情况下基坑提出两种优化措施，措施 1 是减小土质较好侧的围护墙宽度，使土质较好侧围护墙产生更大的位移，通过支撑的传递作用来抑制土质较差侧围护墙的位移，从而使得土质较差侧的围护墙受力变形能与设计计算值更为接近。措施 2 是在土质较好侧坑外施加超载反压，同样也可以使得土质较好侧围护墙产生更大的位移，从而使得土质较差侧的围护结构受力变形更接近于实际值。

取上层土为黏性土 A，下层土为黏性土 C，倾斜角度为 14.04°的有限元模型。改变右侧（土质较好侧）围护墙的宽度为 0.8m、0.6m、0.4m，做三组模型；增大右侧（土质较好侧）超载大小为 30kPa、60kPa、90kPa，做三组模型。

6.8.1 围护墙水平位移

（1）改变围护墙厚度

提取原模型和围护墙厚度改变后模型中的围护墙水平位移数据，得到不同工况下的围护墙水平位移如图 6.30～图 6.32 所示。

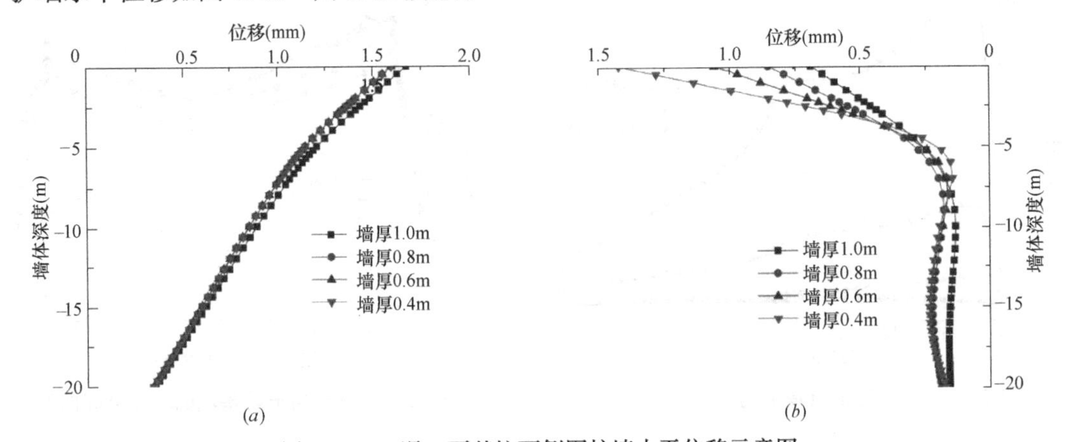

图 6.30 工况 1 下基坑两侧围护墙水平位移示意图

(*a*) 左侧围护墙；(*b*) 右侧围护墙

从图 6.30 可以看出，工况 1 时，随着右侧围护墙厚度减小，右侧围护墙的水平位移不断增大，左侧围护墙的水平位移基本保持不变。右侧围护墙厚度减小 20%、40%、60%时，右侧围护墙位移最大值分别增大了 23.9%、54%、107.4%，在墙厚减小较大（60%）时，围护墙的变形曲线会发生较大变化。当墙厚减小 60%时，左侧围护墙位移最大值为 1.60mm，右侧围护墙位移最大值为 1.42mm，两侧围护墙最大位移已基本一致。

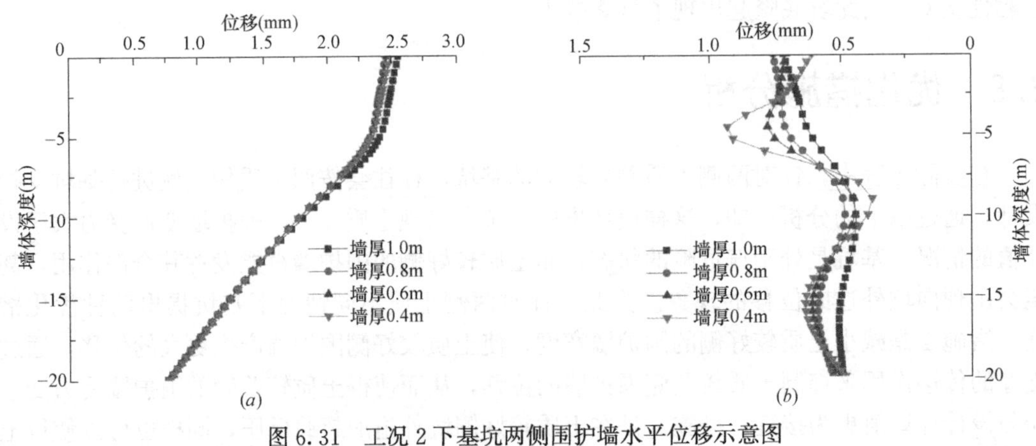

图 6.31 工况 2 下基坑两侧围护墙水平位移示意图

(*a*) 左侧围护墙；(*b*) 右侧围护墙

从图 6.31 可以看出，工况 2 时，随着右侧围护墙厚度减小，右侧围护墙的水平位移增加，左侧围护墙的水平位移基本不变，这与工况 1 时的规律类似。右侧围护墙厚度为 1.0m、0.8m、0.6m、0.4m 时，右侧围护墙水平位移最大值分别为 0.72mm、0.76mm、0.78mm、0.93mm，最大位移发生位置分别为墙深 0m、0m、−4.5m、−4.5m 处。可见随着围护墙厚度的减小，围护墙的抗弯刚度下降，围护墙的变形曲线也发生了较大的变化。

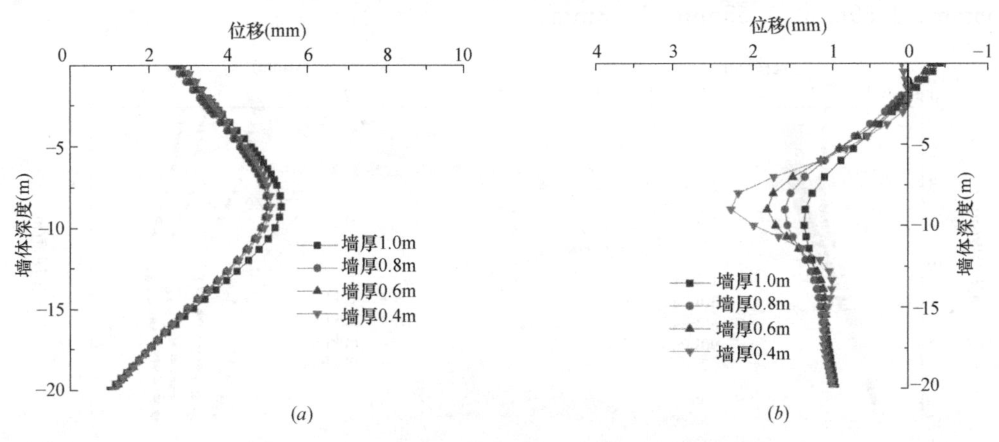

图 6.32　工况 3 下基坑两侧围护墙水平位移示意图

(a) 左侧围护墙；(b) 右侧围护墙

从图 6.32 中可以看出，工况 3 时，随着右侧围护墙厚度的减小，右侧围护墙的墙顶位移值不断减小，在墙厚减小 60%时，墙顶不再发生向坑外的逆向位移。当右侧围护墙厚度减小 60%时，支撑的刚度相对较大，围护墙在−3m 到−6m 范围内的水平位移被限制，在−6m 到坑底范围内，围护墙水平位移快速增大，在坑底附近达到最大值 2.27mm。随着右侧围护墙厚度的减小，两侧围护墙最大水平位移差值不断减小，右侧围护墙厚度为 1.0m、0.8m、0.6m、0.4m 时，两侧围护墙的最大水平位移差值分别为 4.0mm、3.4mm、3.2mm、2.8mm。

(2) 改变基坑右侧坑外超载大小

提取原模型和基坑右侧超载改变后模型中的围护墙水平位移数据，得到不同工况下的围护墙水平位移如图 6.33～图 6.35 所示。

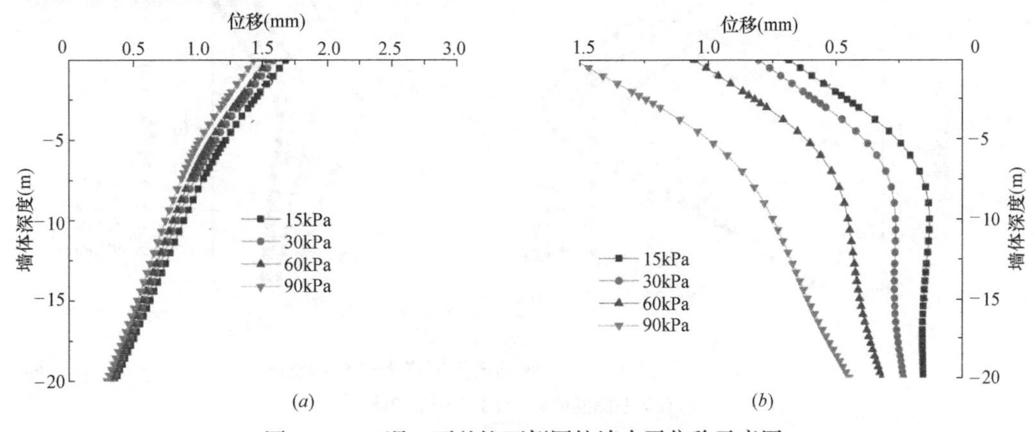

图 6.33　工况 1 下基坑两侧围护墙水平位移示意图

(a) 左侧围护墙；(b) 右侧围护墙

从图 6.33 中可以看出，工况 1 时，随着右侧超载的增大，右侧围护墙的水平位移不断增大，这与减小右侧围护墙厚度时得出的规律类似，左侧围护墙的位移不断减小。基坑右侧超载分别为 15kPa、30kPa、60kPa、90 kPa 时，右侧围护墙的水平位移最大值分别为 0.68mm、0.81mm、1.05mm、1.52mm，左侧围护墙的水平位移最大值分别为 1.68mm、1.59mm、1.55mm、1.43mm。

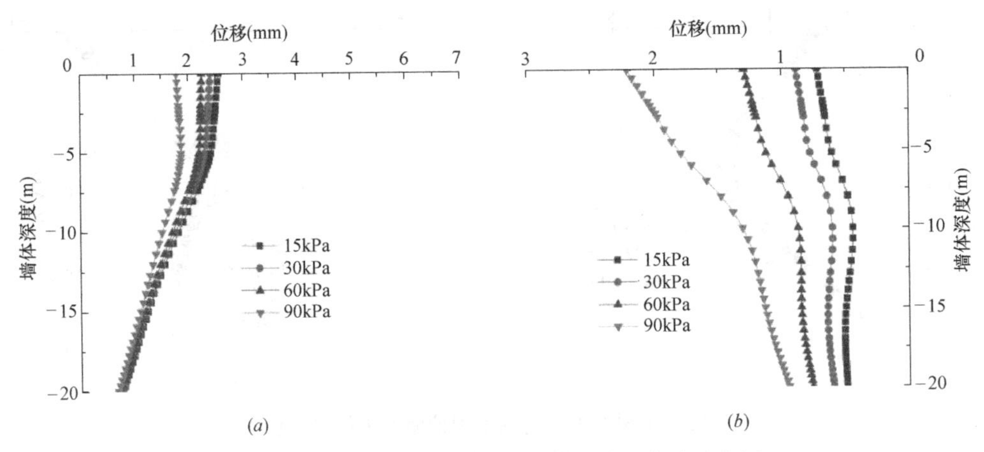

图 6.34　工况 2 下基坑两侧围护墙水平位移示意图
(*a*) 左侧围护墙；(*b*) 右侧围护墙

从图 6.34 中可以看出，工况 2 时，随着基坑右侧超载的增大，右侧围护墙的水平位移增大，左侧围护墙的水平位移减小，这与工况 1 时得出的规律类似。基坑右侧超载分别为 15kPa、30kPa、60kPa、90kPa 时，右侧围护墙的水平位移最大值分别为 0.72mm、0.89mm、1.30mm、2.21mm，左侧围护墙的水平位移最大值分别为 2.56mm、2.42mm、2.26mm、1.88mm。可见随着基坑右侧超载的增大，两侧围护墙的最大水平位移差值不断减小，在超载较大时 (90kPa)，还会出现右侧围护墙水平位移最大值大于左侧的情况。

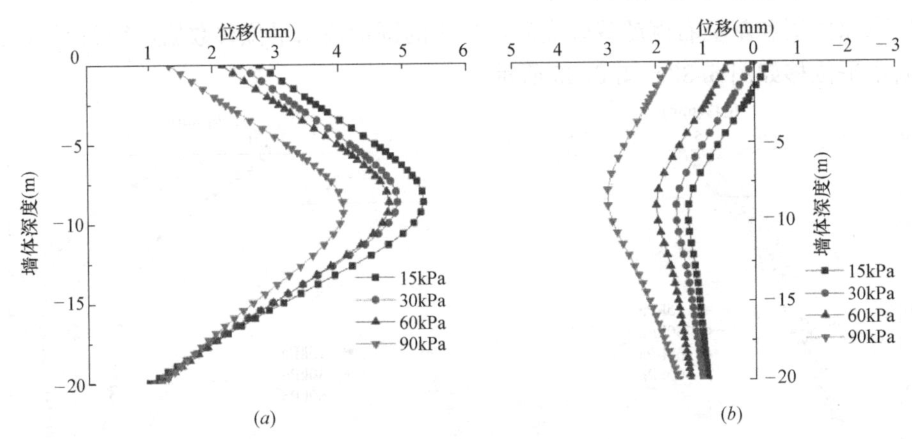

图 6.35　工况 3 下基坑两侧围护墙水平位移示意图
(*a*) 左侧围护墙；(*b*) 右侧围护墙

从图 6.35 中可以看出，在工况 3 时，随着基坑右侧超载的不断增大，右侧围护墙水平位移最大值不断增大，而墙顶水平位移不断减小。当右侧超载为 60kPa 时，墙顶开始由向坑外位移变成向坑内位移。当右侧超载为 90kPa 时，右侧围护墙水平位移最大值为 3.02mm，左侧围护墙的水平位移最大值为 4.07mm，两侧围护墙最大水平位移差距已相对较小。可见，通过在土质较差侧施加超载进行反压，可以较好地控制两侧的围护墙水平位移，通过合理地施加超载可以使两侧的围护墙水平位移差值控制在一定范围之内，整个基坑的受力更加合理。

6.8.2 墙体弯矩

(1) 改变围护墙厚度

提取原模型和围护墙厚度改变后模型中的围护墙弯矩数据，得到不同工况下的围护墙弯矩如图 6.36～图 6.38 所示。

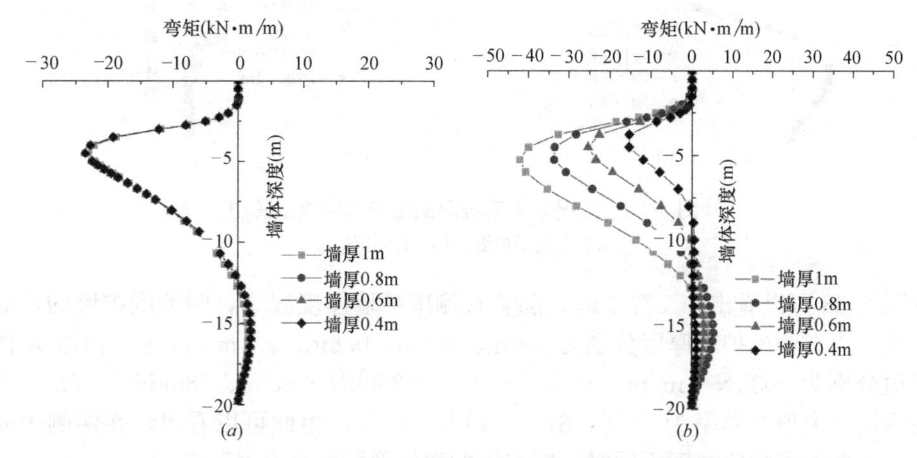

图 6.36 工况 1 下基坑两侧围护墙弯矩示意图

(a) 左侧围护墙；(b) 右侧围护墙

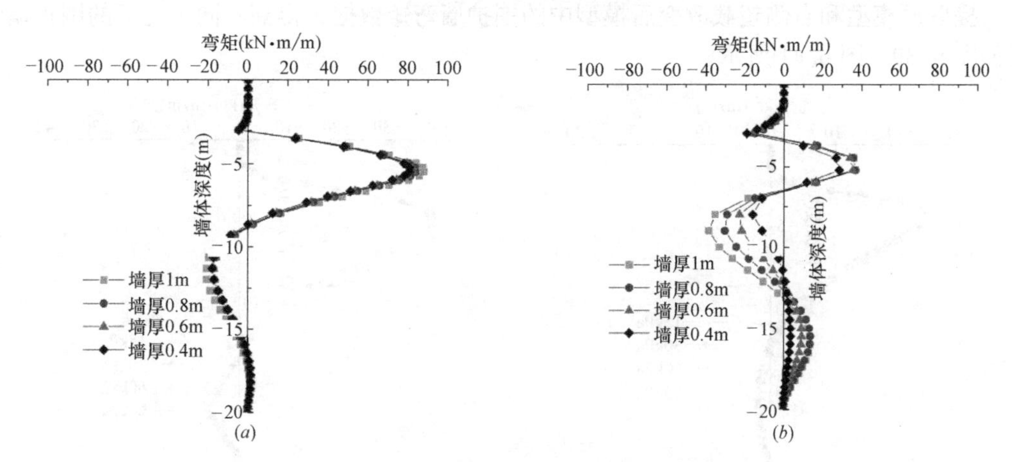

图 6.37 工况 2 下基坑两侧围护墙弯矩示意图

(a) 左侧围护墙；(b) 右侧围护墙

从图 6.36 中可以看出，工况 1 时，随着右侧围护墙厚度减小，右侧围护墙的弯矩值不断减小，左侧围护墙弯矩基本保持不变。当右侧围护墙厚度分别为1.0m、0.8m、0.6m、0.4m时，右侧围护墙弯矩最大值分别为－42.06kN·m/m、－33.65kN·m/m、－25.40kN·m/m、－15.39kN·m/m。

从图6.37可以看出，工况2时，随着右侧围护墙厚度减小，右侧围护墙的负弯矩最大值发生位置由墙深－9m处变为第一道支撑附近（－3m），与工况1时类似，左侧围护墙的弯矩变化不大。

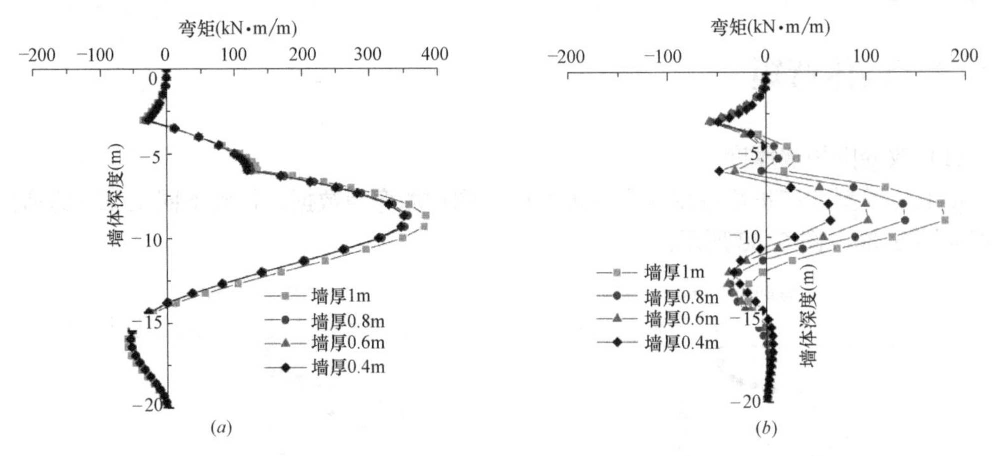

图6.38　工况3下基坑两侧围护墙弯矩示意图

（a）左侧围护墙；（b）右侧围护墙

从图6.38可以看出，工况3时，随着右侧围护墙厚度减小，两侧围护墙的弯矩差异越来越大。当右侧围护墙厚度分别为1.0m、0.8m、0.6m、0.4m时，两侧围护墙的最大弯矩差值分别为203kN·m/m、216kN·m/m、250kN·m/m、286kN·m/m，两侧围护墙的弯矩最大值差异率为53%、61%、71%、82%。由此可以看出，在两侧土质不同情况下，当两侧围护墙宽度不同时，围护墙的弯矩及配筋会有显著差别。

（2）改变基坑右侧坑外超载大小

提取原模型和右侧超载改变后模型中的围护墙弯矩数据，得到不同工况下的围护墙弯矩如图6.39～图6.41所示。

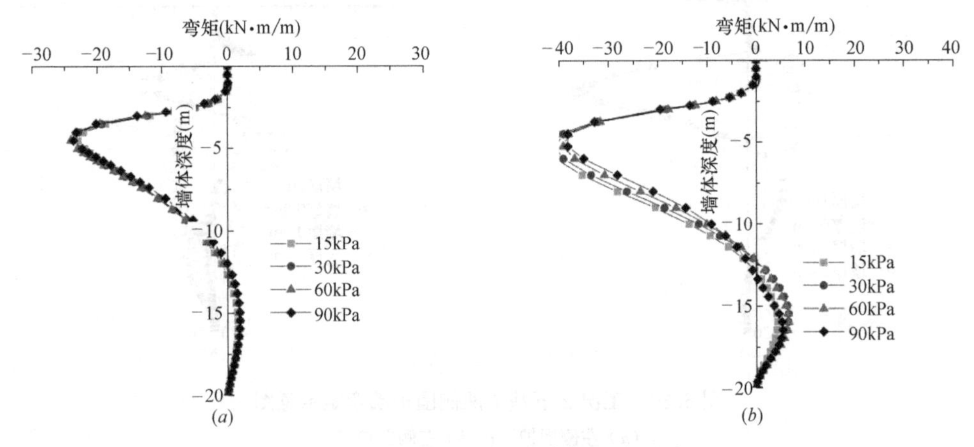

图6.39　工况1下围护墙弯矩对比图

（a）左侧围护墙；（b）右侧围护墙

从图 6.39 中可以看出，工况 1 时，随着基坑右侧超载不断增大，两侧围护墙最大弯矩值均较小。

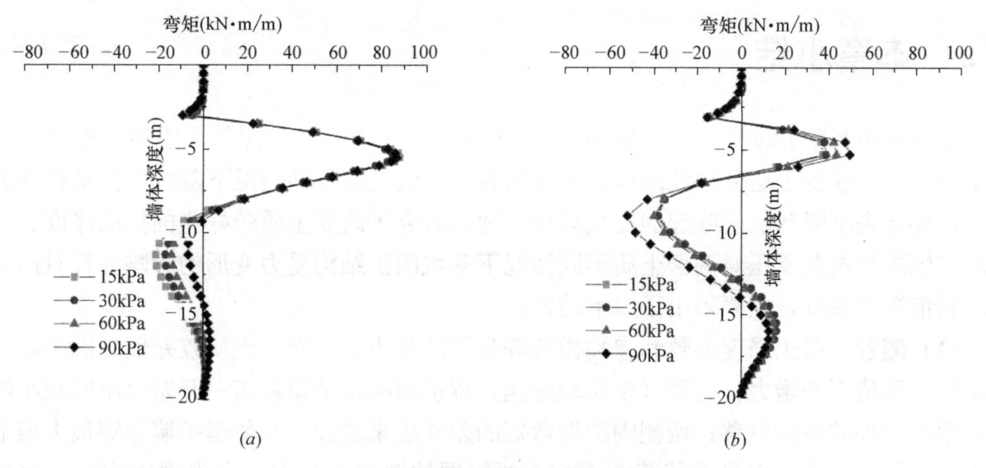

图 6.40 工况 2 围护墙下弯矩对比图

(a) 左侧围护墙；(b) 右侧围护墙

从图 6.40 中可以看出，工况 2 时，随着基坑右侧超载的不断增大，右侧围护墙的正弯矩增大，左侧围护墙的负弯矩减小。这主要是因为右侧超载增大，右侧围护墙所受主动土压力增大，从而使得围护墙正弯矩增加。而基坑右侧增加超载，使得基坑整体向右偏移趋势减缓，从而使得左侧围护墙向坑内的位移量减小，左侧围护墙右侧土体产生的被动土压力减小，进而使得左侧围护墙的负弯矩减小。

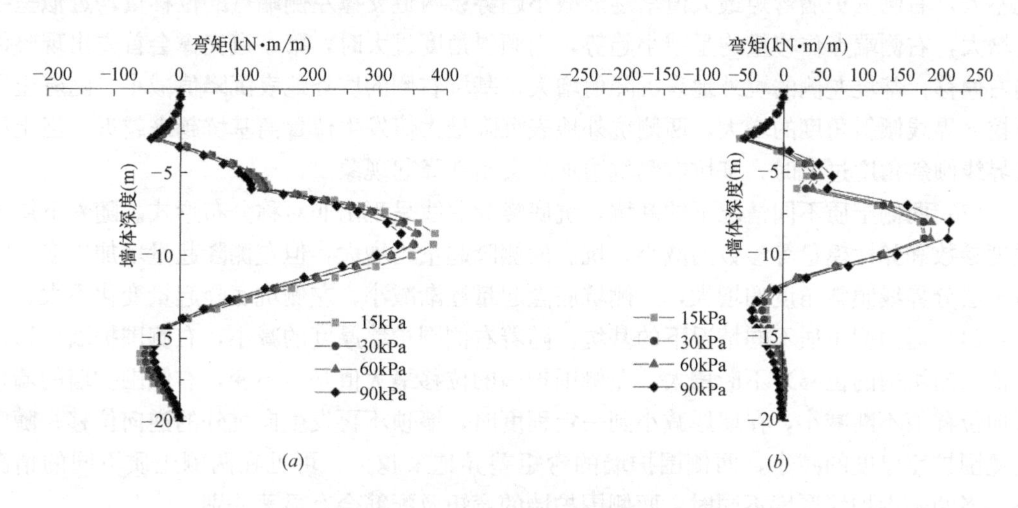

图 6.41 工况 3 下围护墙弯矩对比图

(a) 左侧围护墙；(b) 右侧围护墙

从图 6.41 可以看出，工况 3 时，随着基坑右侧超载值的增大，右侧围护墙的正弯矩增大，左侧围护墙的正弯矩减小，两侧围护墙的弯矩差值有所减小。当基坑右侧超载分别为 15kPa、30kPa、60kPa、90kPa 时，两侧围护墙的最大弯矩差值分别为 203.8kN·m/m、176.7kN·m/m、165.5kN·m/m、121.8kN·m/m，两侧围护墙弯矩最大值的差异率为

53%、50%、47%、37%。由此可以看出，两侧土质不同情况下，在逆向位移侧加载反压，不仅可以使两侧位移差值减小，同时也可以使得两侧围护墙的最大弯矩更加接近。

6.9 本章小结

本章使用有限元软件PLAXIS 2D建立了某两侧土质不同的深基坑模型，通过改变下层土的参数、改变土层分界线的倾斜角度研究了两侧土质不同情况下基坑围护结构受力变形、坑外地表沉降和坑底隆起的变化规律。随后研究了改变土质较好侧围护墙厚度、在土质较好侧施加超载反压对两侧土质不同情况下基坑围护结构受力变形的影响。针对两侧土质不同情况下基坑，主要得出了以下结论：

（1）随着下层土强度参数和弹性模量等参数的减小，左侧（土质较差侧）围护墙的最大水平位移值不断增大，右侧（土质较好侧）围护墙的水平位移值一开始会不断减小随后会出现向坑外的逆向位移；两侧围护墙弯矩的差异越来越大，左侧围护墙弯矩最大值显著增大，右侧围护墙弯矩最大值基本不变，两侧围护墙弯矩最大值发生位置均有下移的趋势；两道支撑左侧端点位移量均增大，右侧端点位移量均减小，当上下两层土参数差异过大时，两道支撑的右侧端点会出现向坑外移动的现象，支撑发生向右的整体偏移；左侧坑外地表沉降呈增大趋势，右侧坑外地表沉降呈减小趋势。当下层土强度参数和弹性模量等参数较小时，右侧基坑边会出现隆起现象，隆起量随土层参数的减小而增大。

（2）随着土层分界线倾斜角度的增大，右侧围护墙的位移值减小，左侧围护墙的位移值增大，当倾斜角度过大时，右侧围护墙顶会发生向坑外的逆向位移；左侧围护墙弯矩变化不大，右侧围护墙弯矩最大值呈逐渐减小趋势；两道支撑左侧端点的位移量均近似呈线性增大，右侧端点位移量均呈减小趋势，当倾斜角度过大时，第一道支撑会首先出现整体向右偏移；基坑左侧的坑外地表沉降值增大，基坑右侧的坑外地表沉降值减小。随着土层开挖分界线倾斜角度的增大，两侧坑外地表沉降最大值发生位置离基坑越来越近。当土层分界线倾斜角度过大时，基坑右侧坑边地表会出现隆起现象。

（3）两侧土质不同情况下的基坑，坑底隆起曲线呈现出非对称分布形式。随着下层土强度参数和弹性模量等参数的减小，坑底两侧隆起量均增大，但左侧隆起量增加更多。随着土层分界线倾斜角度的增大，右侧坑底隆起量逐渐减小，左侧坑底隆起量变化不大。

（4）对两侧土质不同情况下的基坑，随着右侧围护墙厚度的减小，右侧围护墙位移最大值（向坑内的位移）不断增大，左侧围护墙的位移最大值基本不变，右侧围护墙的墙顶逆向位移值不断减小，在墙厚减小到一定程度时，墙顶不再发生向坑外的逆向位移；随着右侧围护墙厚度的减小，两侧围护墙的弯矩差异越来越大，可见在两侧土质不同的情况下，当两侧围护墙厚度不同时，两侧围护墙的弯矩及配筋会有显著差别。

（5）对两侧土质不同情况下的基坑，随着右侧反压超载值的增大，右侧围护墙的水平位移最大值不断增大，左侧围护墙的水平位移最大值不断减小，右侧围护墙的墙顶逆向位移值不断减小，当反压超载值增大到一定程度时，右侧围护墙墙顶不再发生向坑外的逆向位移，继续增加反压超载，可使两侧围护墙的最大位移值基本一致；随着基坑右侧反压超载值的增大，右侧围护墙的正弯矩增大，左侧围护墙的正弯矩减小，两侧围护墙的最大弯矩差值不断减小，两侧围护墙的弯矩最大值差异率不断减小。

参考文献

[1] 徐志兵，卫龙武．土层分布不均匀的基坑支护优化设计 [J]．西部探矿工程，2005 (8)．
[2] 林文彬．多种支护形式在不均匀软弱土层深基坑支护中的应用 [J]．福建建设科技，2010 (3)：4-5．
[3] 吴剑锋．不平衡基坑开挖桩——撑式支护结构二维有限元分析 [D]．浙江大学建筑工程学院 浙江大学，2008．

第 7 章 两侧不平衡超载下基坑围护结构受力变形机理的有限元分析

7.1 概述

近年来，为了缓解城区交通压力和促进国民经济建设，我国各大城市正在积极拓展城市地下空间，一些城市相继建设了地铁、地下停车场、地下商场等一批地下大型市政公用设施。这些工程涉及大量基坑工程问题，受环境、规划等因素影响，其中许多基坑紧邻既有建（构）筑物、公路、铁路、桥梁等基础设施，受到各种复杂超载的组合作用，造成基坑两侧经常存在不平衡超载的现象。基坑设计、施工过程中如有疏漏就有可能会对基坑安全产生不利影响，甚至引发工程事故，造成重大生命财产损失。如何在保证安全的前提下，针对两侧不平衡超载基坑两侧荷载等级、变形特征的差异，对两侧不平衡超载基坑进行经济、合理的设计是一个值得关注的问题[1]，相关学者在这方面进行了一些研究。

李云峰[2] 利用有限元软件分析了不同的邻近超载对围护结构水平位移、弯矩以及土压力的影响。徐志兵[3] 采用 SAP2000 软件建立了基坑模型，取不同的荷载、地基土水平抗力的比例系数、桩长以及支撑尺寸进行组合计算，分析了不对称荷载作用下的基坑变形、内力规律及其影响因素。涂芬芬[4] 采用 Midas GTS 软件对深圳某深基坑工程的内撑式排桩围护体系进行了模拟，将三种不同超载状态下的围护体系内力与变形进行对比研究，得到了一边超载一边无超载的最不利超载状态下围护体系内力与变形，为今后类似工程的设计与施工提供一定的参考依据；并分析了基坑底部隆起、地表沉降问题，得到了基坑底部隆起、地表沉降等主要物理要素在上述几种不同超载状态下的变化规律。马志创[5] 以海南省海口市某基坑为研究对象，总结了不对称超载作用下围护结构内力和变形相对于对称超载作用下发生的一些变化，并简单讨论了基坑内力和变形的影响因素。林刚等[6] 运用有限元软件模拟了不平衡堆载下深基坑开挖全过程，研究了不平衡堆载作用下围护结构的内力和变形。吕小军等[7] 以某地铁基坑为背景，采用 GTS 软件对基坑围护体系进行了有限元分析，分析了非对称超载条件下围护结构的内力变形。刘波[1] 以某两侧不平衡超载基坑为研究背景，利用 MIDAS GTS NX 软件建立三维有限元计算模型，研究了两侧不平衡超载基坑的开挖效应，主要包括：基坑围护结构和支撑体系变形、坑底隆起、基坑周围地表沉降、坑外路基变形等。张小涛[8] 以合肥高铁站 6 号风井为研究对象，用 FLAC3D 软件分别模拟了当基坑两侧荷载大小改变和两侧荷载距离改变时，基坑围护结构的变形情况。王飞阳[9] 建立了内撑式非对称基坑三维有限元模型，针对基坑周边超载不同情况，对两侧不平衡超载下基坑的支撑等效轴向刚度、土压力、围护结构内力进行了分析。邓超[10] 以某深基坑工程为依托，运用数值分析软件建立基坑三维模型，得到了在不对称荷载作用下排桩-内撑式围护体系的排桩位移、弯矩和内支撑轴力的变化。

冯晓腊等[11] 基于数值模拟软件对某超大圆环基坑在非对称荷载作用下的变形特征进行了理论计算，在此基础上从内部环梁直径与截面尺寸、角部支撑形式三个方面对混凝土圆环支撑体系杆件的合理布置进行了优化分析。马俊[12] 以某两侧不平衡超载基坑工程为背景，利用数值模拟软件分析了围护结构变形及地表沉降等变形规律。

本章在总结前人研究的基础上，通过有限元软件 PLAXIS 2D 建立某深基坑算例模型，研究了两侧超载大小不同对内撑式基坑围护墙的变形受力、支撑轴力、支撑位移、坑外地表沉降和坑底隆起的影响，并在此基础上研究了基坑土质、超载作用位置以及超载宽度对两侧不平衡超载作用下的内撑式基坑围护墙受力变形的影响。随后，研究了两侧超载作用位置不同对内撑式基坑围护墙的变形受力影响。最后研究了减小无超载侧围护墙宽度对围护墙变形和受力的影响，得出了一些对工程具有指导意义的结论。

7.2 有限元模型的建立及不平衡超载工况介绍

采用的基坑算例宽度 20m，基坑开挖深度为 10m，围护墙采用厚度 1.0m 的地下连续墙，墙深 25m。采用两道钢筋混凝土支撑，支撑截面为 0.6m×0.6m，支撑中心轴线标高为−3.0m，−6.0m，支撑水平间距为 5m。地连墙和支撑材料均采用 C30 混凝土，围护结构剖面示意图见图 7.1。

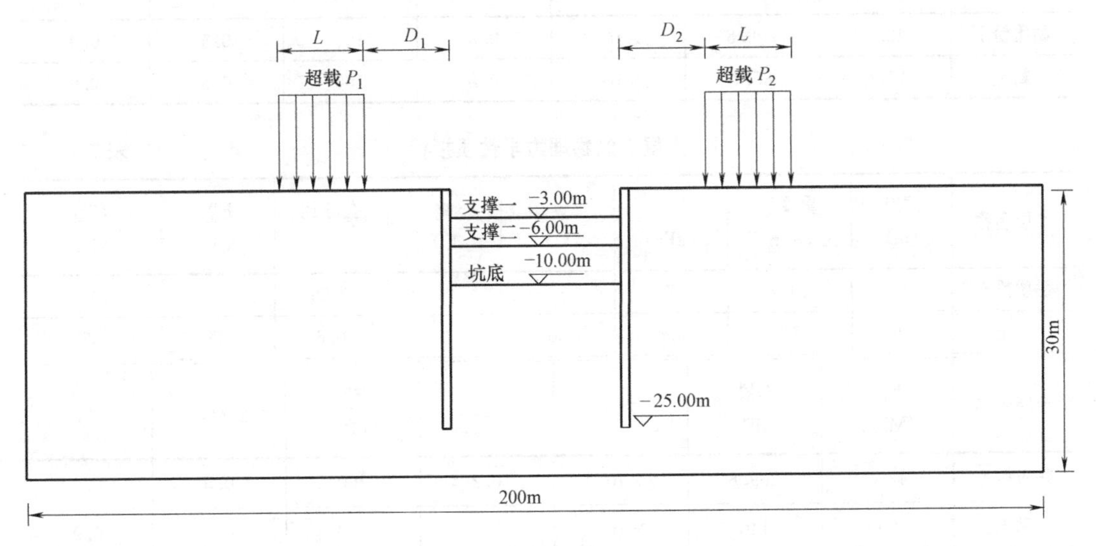

图 7.1　围护结构剖面示意图

建立如图 7.2 所示的有限元模型，考虑建模的尺寸效应影响，取模型宽度为 200m，土层总厚度为 30m。采用板单元来模拟地下连续墙，用点对点锚杆单元来模拟混凝土内支撑，用界面单元来模拟地下连续墙与土的相互作用。地下水位位于地表以下 10.5m 处。边界条件为左右边界水平方向固定竖直方向自由，下边界为水平和竖直方向均固定，上边界为水平和竖直方向均自由。网格划分后生成 4111 个单元，33728 个节点。

采用主要土层为黏土的土层 1 和主要土层为砂土的土层 2 分别进行模拟，土层 1 和土层 2 的物理力学指标如表 7.1、表 7.2 所示。

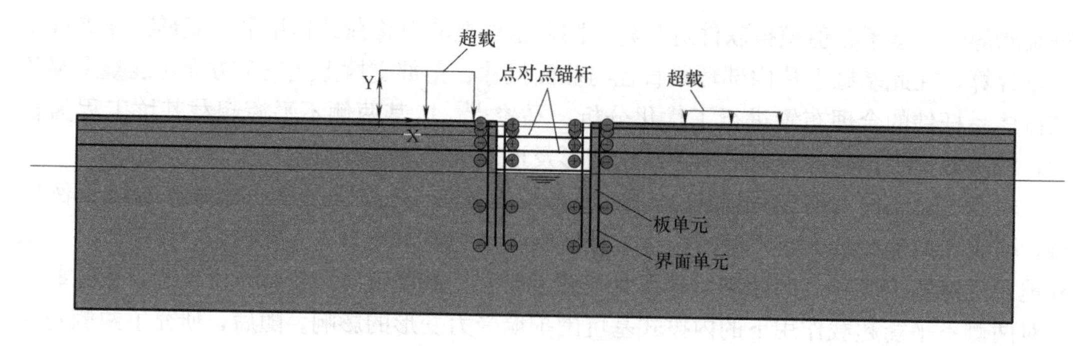

图 7.2 有限元模型

土层 1 的物理力学性质指标

表 7.1

土层名称	层厚 (m)	重度 γ ($kN \cdot m^{-3}$)	c' (kPa)	φ' (°)	Ψ (°)	孔隙比 e	E_{50}^{ref} (MPa)	E_{oed}^{ref} (MPa)
黏质粉土	1	19.2	7	33	3	0.65	10.5	10.5
黏土	29	17.5	5	21	0	0.8	3.7	3.1

土层名称	E_{ur}^{ref} (MPa)	G_0^{ref} (MPa)	$\gamma_{0.7}$	v_{ur}	P^{ref} (kPa)	m	R_f
黏质粉土	42.0	209.8	2×10^{-4}	0.2	100	0.5	0.9
黏土	21.4	85.7	2×10^{-4}	0.2	100	0.8	0.9

土层 2 的物理力学性质指标

表 7.2

土层名称	层厚 (m)	重度 γ ($kN \cdot m^{-3}$)	c' (kPa)	φ' (°)	Ψ (°)	孔隙比 e	E_{50}^{ref} (MPa)	E_{oed}^{ref} (MPa)
黏质粉土	1	19.2	7	33	3	0.65	10.5	10.5
黏土	29	18	6.4	30	0	0.6	35	35

土层名称	E_{ur}^{ref} (MPa)	G_0^{ref} (MPa)	$\gamma_{0.7}$	v_{ur}	P^{ref} (kPa)	m	R_f
黏质粉土	42.0	209.8	2×10^{-4}	0.2	100	0.5	0.9
黏土	80	140	2×10^{-4}	0.2	100	0.5	0.9

注：表中 c' 为有效黏聚力，φ' 为有效内摩擦角，Ψ 为剪胀角，E_{50}^{ref} 为三轴固结排水剪切试验的参考割线模量，E_{oed}^{ref} 为固结试验的参考切线模量，E_{ur}^{ref} 为三轴固结排水卸载再加载试验的参考卸载再加载模量，G_0^{ref} 为小应变刚度试验的参考初始剪切模量，$\gamma_{0.7}$ 为当割线剪切模量 G_{secant} 衰减为 0.7 倍的初始剪切模量 G_0 时对应的剪应变，v_{ur} 为泊松比，P^{ref} 为参考应力，m 为与模量应力水平相关的幂指数，R_f 为破坏比。

基坑开挖的具体实现步骤为：建立整个场地土体及支护结构模型；初始地应力的平衡，建立初始应力场，同时支护结构的刚度消失，即支护结构单元失去活性，使土体自重沉降过程中围护结构对土体自重沉降无影响；初始应力场引起的位移值清零，激活围护结构单元并施加地面以上超载；分层挖土并激活相应支撑，土体开挖是通过逐层使土单元失去活性实现的。其中具体计算工况如表 7.3 所示。

开挖阶段工况　　表 7.3

工况	基坑施工阶段
工况 1	开挖第一层土体至支撑底位置，并设置第一道混凝土支撑
工况 2	开挖第二层土体至第二道支撑底位置，并设置第二道混凝土支撑
工况 3	开挖第三层土体至基坑底部（－10m）

分别考虑土层 1 条件下 11 种不同的坑外超载 P_1、P_2 组合（表 7.4）时基坑的开挖，超载宽度 L 取 20m，超载离坑边的距离取 $D=5$m。在此基础上，改变现场土质、调整超载离坑边的距离（$D=5$m、10m、15m、20m、25m）和超载的宽度（$L=5$m、10m、15m、20m）可得到多组模型，各种组合如表 7.4～表 7.7 所示。

分别考虑土层 1 条件下 5 种不同的坑外超载距离 D_1、D_2 组合（表 7.8）时基坑的开挖，超载宽度 L 取 20m，超载大小取 $P_1=P_2=45$kPa。

超载组合 1（土层 1 条件下）　　**表 7.4**

	$P_1=0$kPa $P_2=0$kPa	$P_1=10$kPa $P_2=0$kPa	$P_1=20$kPa $P_2=0$kPa	$P_1=30$kPa $P_2=0$kPa	$P_1=60$kPa $P_2=0$kPa	$P_1=90$kPa $P_2=0$kPa
$L=20$m； $D_1=D_2=5$m	组合 1	组合 2	组合 3	组合 4	组合 5	组合 6

超载组合 4（土层 2 条件下）　　**表 7.5**

	$P_1=0$kPa $P_2=0$kPa	$P_1=30$kPa $P_2=0$kPa	$P_1=60$kPa $P_2=0$kPa	$P_1=90$kPa $P_2=0$kPa
$L=20$m； $D_1=D_2=5$m	组合 16	组合 17	组合 18	组合 19

超载组合 2（土层 1 条件下）　　**表 7.6**

	$D_1=D_2=5$m	$D_1=D_2=10$m	$D_1=D_2=15$m	$D_1=D_2=20$m	$D_1=D_2=25$m
$P_1=45$kPa；$P_2=0$kPa $L=20$m	组合 7	组合 8	组合 9	组合 10	组合 11

超载组合 3（土层 1 条件下）　　**表 7.7**

	$L=5$m	$L=10$m	$L=15$m	$L=20$m
$P_1=45$kPa；$P_2=0$kPa $D_1=D_2=5$m	组合 12	组合 13	组合 14	组合 15

超载组合 5（土层 1 条件下）　　**表 7.8**

	$D_1=5$m $D_2=5$m	$D_1=5$m $D_2=10$m	$D_1=5$m $D_2=15$m	$D_1=5$m $D_2=20$m	$D_1=5$m $D_2=25$m
$L=20$m； $P_1=P_2=45$kPa	组合 20	组合 21	组合 22	组合 23	组合 24

其中每种组合都以表 7.3 所示三个工况进行计算，可以得到不平衡超载作用下基坑的两侧围护结构位移，内力、支撑轴力和位移，以及地表沉降和坑底隆起等数据。

7.3 不平衡超载作用下基坑墙体水平位移分析（超载大小不同）

7.3.1 不同超载大小

根据土质主要为黏土，超载宽度 20m，超载离坑边 5m，超载 P_1 = 0kPa、30kPa、60kPa、90kPa（超载 P_2 均为 0kPa）情况下的计算模型（模型示意图如图 7.3 所示），提取各工况的墙体水平位移得到图 7.4～图 7.6。

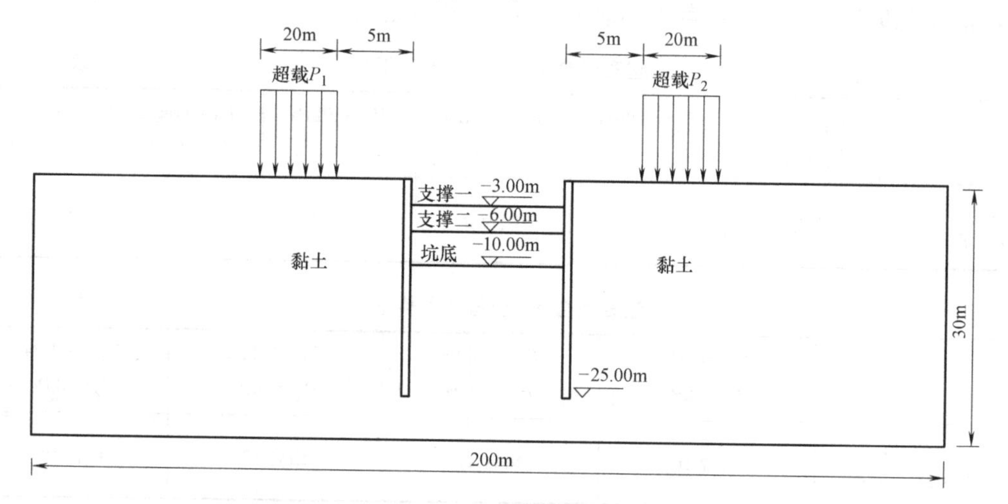

图 7.3 不同超载大小作用下的计算模型示意图

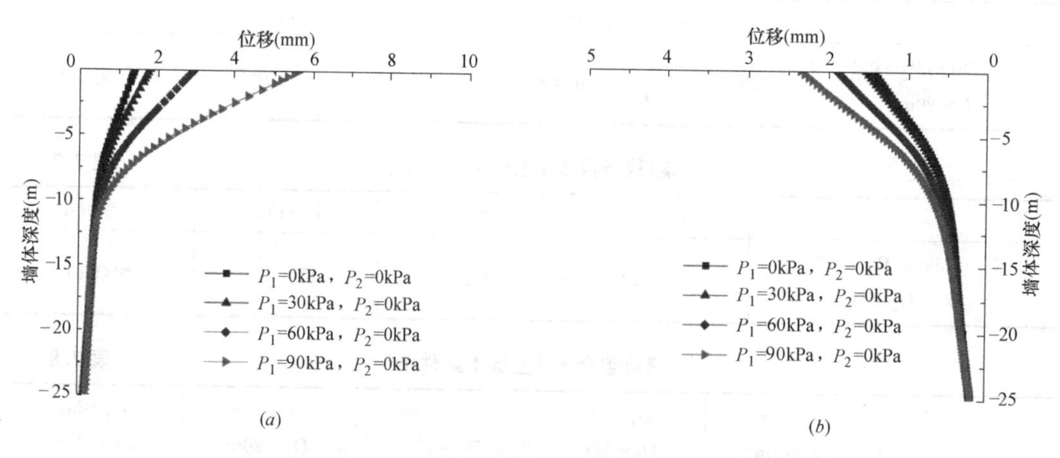

图 7.4 工况 1 下基坑两侧围护墙水平位移示意图

(*a*) 左侧围护墙；(*b*) 右侧围护墙

(1) 工况 1 时，基坑全场开挖至第 1 道支撑底位置，支撑尚未发挥作用。左右墙体在四种不同的坑外超载 P_1、P_2 组合下的水平位移，如图 7.4 所示。

由图 7.4 可见：

① 工况 1 时，支撑尚未发挥作用，墙身水平位移最大值均发生在墙顶位置。

② 基坑两边均无超载的情况下，两侧围护墙的变形是对称的。在左侧墙体外施加超载 P_1=30kPa 时，左侧墙身最大水平位移 S_1（下同）为 1.5mm，当超载达 90kPa 时，与之相对应，S_1 由 1.5mm 增至 5.7mm；右侧墙体外的超载 P_2 始终为 0kPa，但受左侧超载增大对应力场的影响，右侧墙身最大水平位移 S_2（下同）也逐渐向坑内发展，在 P_1=0kPa 时，右侧墙身最大水平位移 S_2 为 1.4mm，当超载达到 90kPa 时，S_2 由 1.4mm 增至 2.4mm。

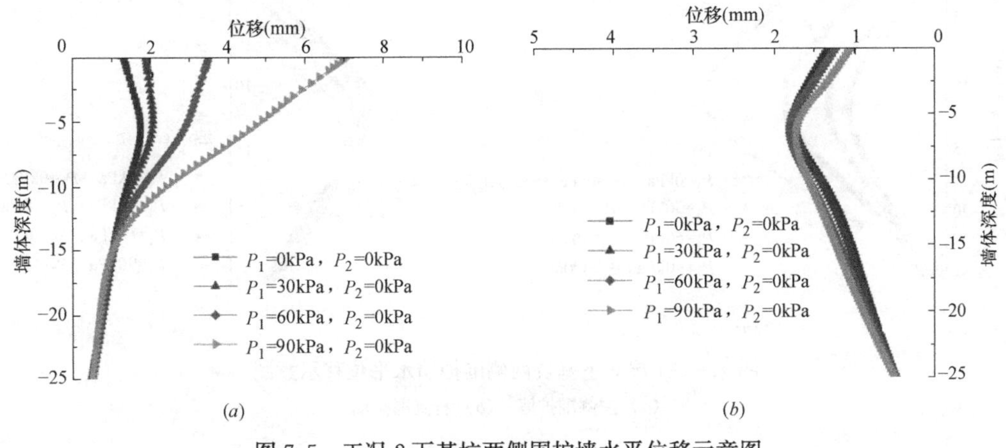

图 7.5 工况 2 下基坑两侧围护墙水平位移示意图

(a) 左侧围护墙；(b) 右侧围护墙

(2) 工况 2 时，基坑全场开挖至第 2 道支撑底位置，第 1 道支撑发挥作用。左侧墙体、右侧墙体在四种不同的坑外超载 P_1、P_2 组合下的水平位移，如图 7.5 所示。

由图 7.5 可见：

① 工况 2 时，在坑外超载较小时，左侧墙身最大水平位移 S_1 发生在开挖面附近，在坑外超载较大时，受超载的影响，左侧墙身最大水平位移 S_1 发生在墙顶位置。与工况 1 相比，两侧墙身水平位移最大值 S_1、S_2 位移增量较小，可以看出悬臂开挖（即工况 1）所引起的变形在围护墙总变形中占较大比重。

② 左侧墙体外的超载 P_1 为 0kPa 时，左侧墙身最大水平位移 S_1 为 1.7mm，当超载达 90kPa 时，与之相对应，S_1 由 1.7mm 增至 7.2mm，在超载为 60kPa 时，S_1 的发生位置由开挖面附近变为墙顶处；右侧墙体外始终无超载，受工况 1 的影响，右侧墙身最大水平位移 S_2 变化较复杂，表 7.9 中列出了在工况 1 和工况 2 时右侧墙身最大水平位移 S_2 值以及两种工况时的 S_2 差值，从表中可以看出，随着超载的增大，S_2 随着挖深增加产生的增大值越来越小，在荷载 P_1=60kPa 时，S_2 随着挖深增加不增反减。产生这一现象的原因是：由于基坑左侧存在超载，基坑左侧的主动土压力大于基坑右侧的主动土压力，引起钢筋混凝土支撑梁左侧所受的压力大于右侧传递的压力，所以支撑梁会产生整体向右移动的趋势，减小了基坑右侧墙体的位移。

不同超载下基坑右侧墙体水平位移最大值对比 **表 7.9**

	P_1=0kPa	P_1=15kPa	P_1=30kPa	P_1=45kPa	P_1=60kPa	P_1=75kPa	P_1=90kPa
工况 1 时 S_2 值	1.44	1.51	1.53	1.82	1.90	2.29	2.36
工况 2 时 S_2 值	1.76	1.78	1.74	1.85	1.81	1.85	1.74
二者差值	0.32	0.26	0.21	0.03	−0.09	−0.44	−0.62

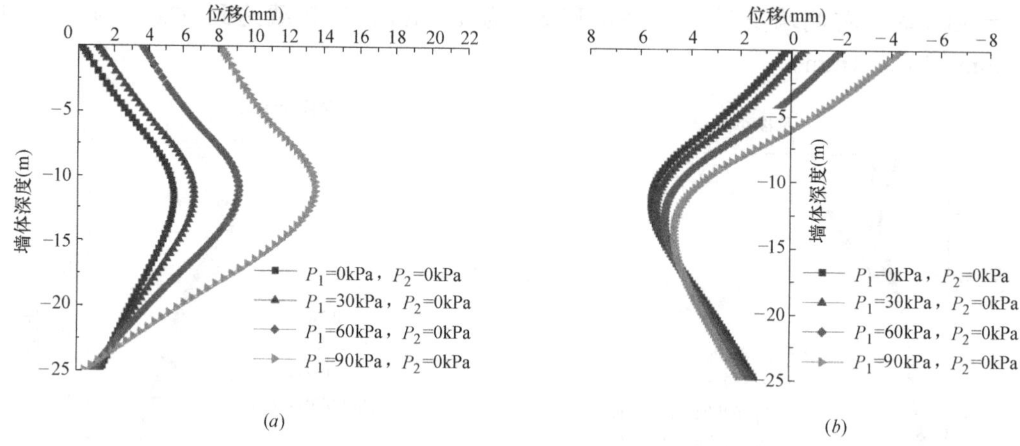

图 7.6　工况 3 下基坑两侧围护墙水平位移示意图

(a) 左侧围护墙；(b) 右侧围护墙

(3) 工况 3 时，基坑全场开挖至−10.0m，两道支撑都发挥作用。左侧墙体、右侧墙体在四种不同的坑外超载 P_1、P_2 组合下的水平位移，如图 7.6 所示。

由图 7.6 可见：

① 工况 3 时，墙身水平位移最大值均发生在坑底附近。

② 左侧墙体外的超载 P_1 为 0kPa 时，左侧墙身最大水平位移 S_1 为 5.3mm，当超载达到 90kPa 时，与之相对应，S_1 由 5.5mm 增至 13.9mm；右侧墙体外始终无超载，右侧墙体最大水平位移 S_2 逐渐减小，发生位置逐渐向下发展。右侧墙体的顶部水平位移减小，在 P_1=30kPa 时，右侧墙体发生了向坑外的逆向位移，逆向位移值为 0.16mm，随着超载 P_1 的增大，逆向位移值越来越大，当超载 P_1 达到 90kPa 时，逆向位移值由 0.16mm 增至 4.39mm。对于不平衡超载基坑，超载一侧围护墙向坑内位移，围护墙后的土压力介于静止和主动土压力之间，而无超载侧围护墙墙顶附近可能出现向坑外位移，此时围护墙后的土压力介于静止土压力和被动土压力之间。

7.3.2 不同土质情况

根据土质主要为砂土，超载宽度 20m，超载离坑边 5m，超载 P_1=0kPa、30kPa、60kPa、90kPa（超载 P_2 均为 0kPa）情况下的计算模型（模型示意图如图 7.7 所示），提取各工况的墙体水平位移得到图 7.8～图 7.10。

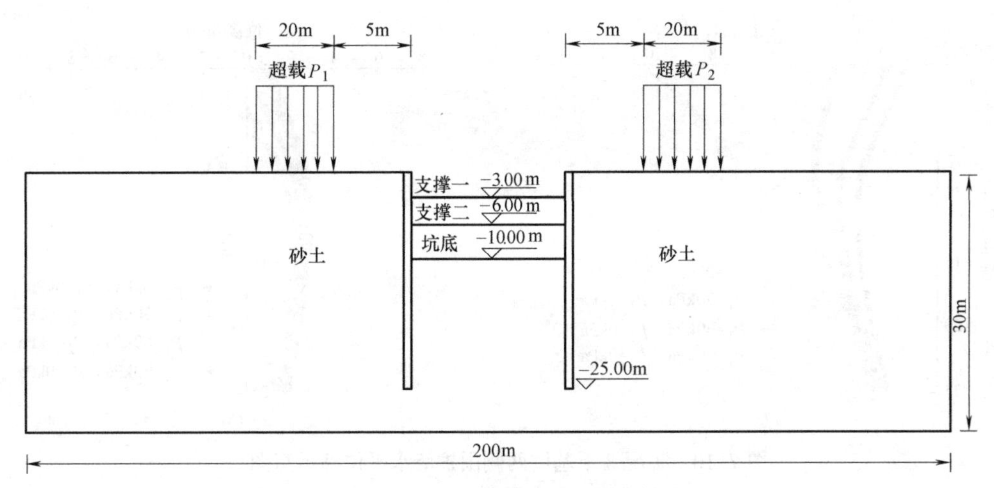

图 7.7 计算模型示意图

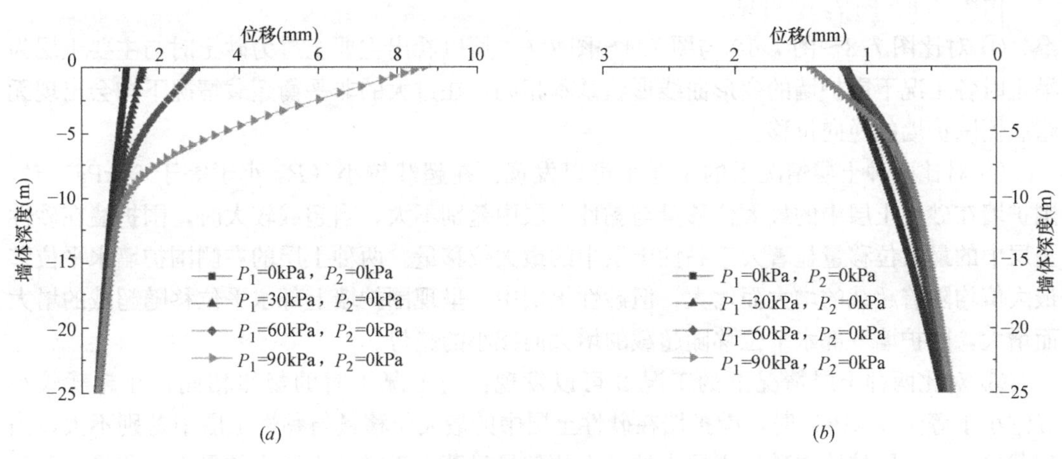

图 7.8 工况 1 下基坑两侧围护墙水平位移示意图

(a) 左侧围护墙；(b) 右侧围护墙

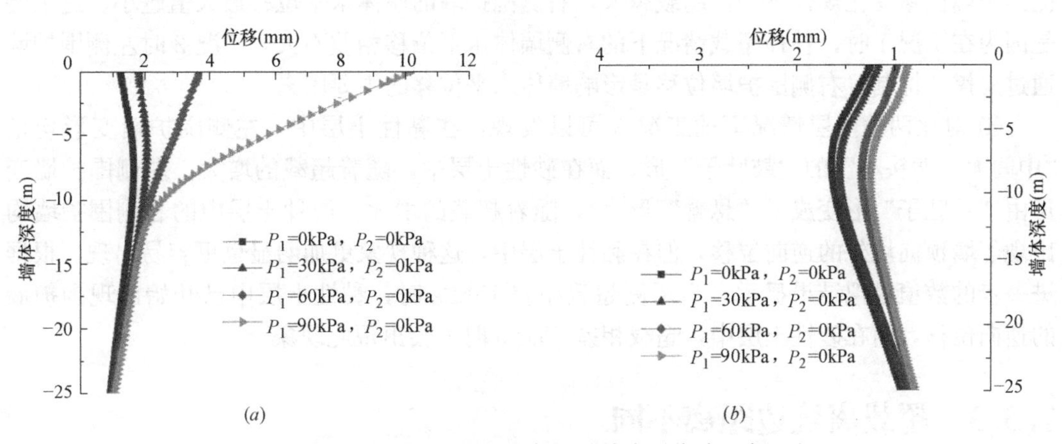

图 7.9 工况 2 下基坑两侧围护墙水平位移示意图

(a) 左侧围护墙；(b) 右侧围护墙

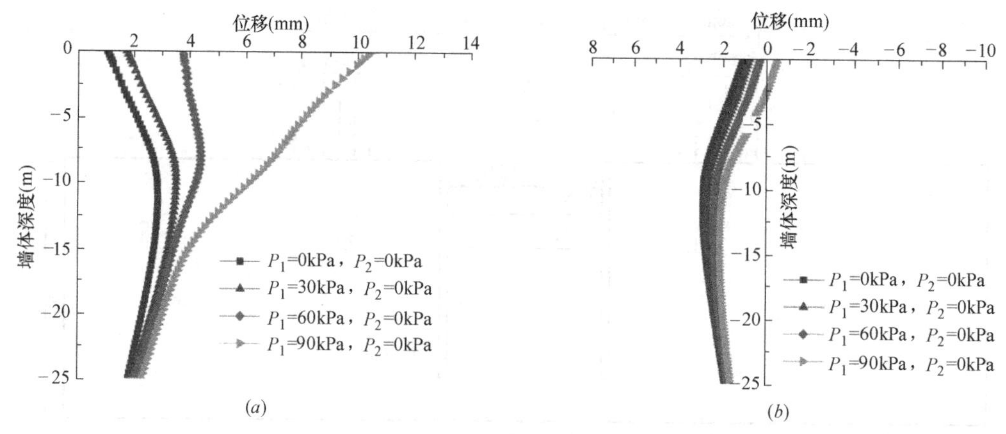

图 7.10　工况 3 下基坑两侧围护墙水平位移示意图

(a) 左侧围护墙；(b) 右侧围护墙

由图 7.8～图 7.10 可见：

① 对比图 7.8～图 7.10 与图 7.4～图 7.6。可以看出主要土层为砂土时与主要土层为黏土时各工况下围护墙的变形曲线形状基本相同，在过大的非平衡超载情况下均会出现无超载侧围护墙的逆向位移。

② 对比两种土层情况下的工况 1 可以发现：在超载较小（P_1 小于等于 60kPa）时，围护墙在砂性土层中的最大位移量与黏性土层中差别不大，当超载较大时，围护墙在砂性土层中的最大位移量显著大于黏性土层中的最大位移量。两种土层的右侧围护墙水平位移最大值均随着超载的增大而增大，但砂性土层中，呈现围护墙上部水平位移随超载的增大而增大，围护墙下部水平位移随超载的增大而减小的趋势。

③ 对比两种土层情况下的工况 2 可以发现：与工况 1 时的规律相同，在超载较小（P_1 小于等于 60kPa）时，围护墙在砂性土层中的最大位移量与黏性土层中差别不大，当超载较大时，围护墙在砂性土层中的最大位移量显著大于黏性土层中的最大位移量。两种土层中右侧围护墙均随超载的增大发生远离基坑方向的“漂移”，不同的是在砂性土中右侧围护墙位移变化规律单一，超载越大，右侧围护墙的墙体水平位移最大值越小。这主要是因为在工况 1 时，各种超载情况下的右侧墙体水平位移相差不大，工况 2 时左侧围护墙通过支撑“抑制”右侧围护墙位移是影响墙体水平位移的主要因素。

④ 对比两种土层情况下的工况 3 可以发现：在黏性土层中，左侧围护墙变形均呈“中间大，两头小”的“鼓肚子”形，而在砂性土层中，随着超载的增大，左侧围护墙变形由“鼓肚子”形变成了“悬臂”形[13]。随着超载的增大，两种土层中的右侧围护墙均出现了墙顶向坑外的逆向位移，但在黏性土层中，这种现象更加明显也更容易出现。根据进一步的数值模拟结果显示，当两侧超载相差 15kPa 时，黏性土层中已开始出现围护墙的逆向位移，而在砂性土层中，超载相差 75kPa 时才会出现此现象。

7.3.3　超载离坑边距离不同

根据土质主要为黏土，超载 P_1 = 45kPa（P_2 = 0kPa），超载宽度 20m，分别离坑边

5m、10m、15m、20m、25m 情况下的计算模型（模型示意图如图 7.11 所示），提取各工况的墙体水平位移得到图 7.12～图 7.14。

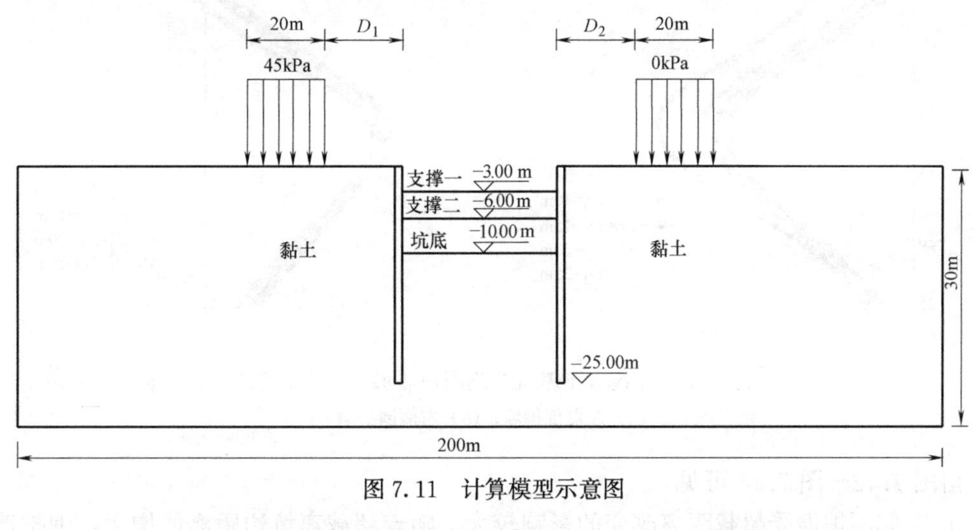

图 7.11　计算模型示意图

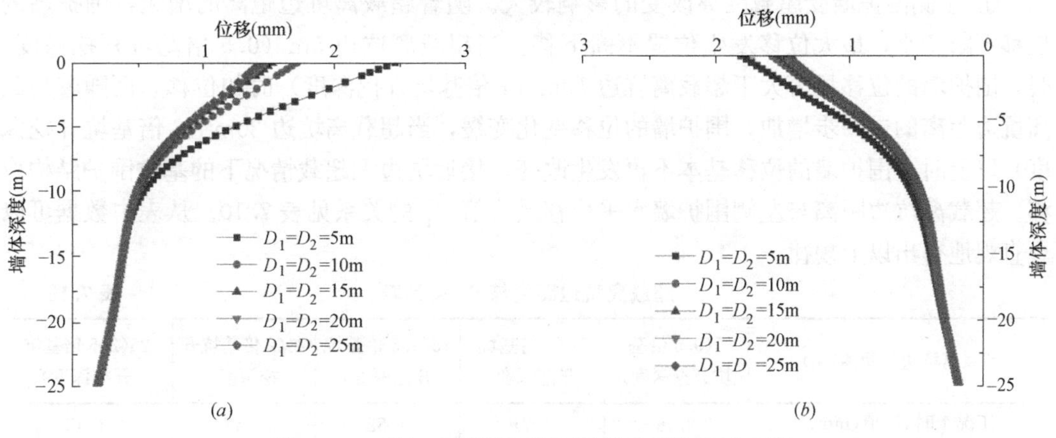

图 7.12　工况 1 下基坑两侧围护墙水平位移示意图

（*a*）左侧围护墙；（*b*）右侧围护墙

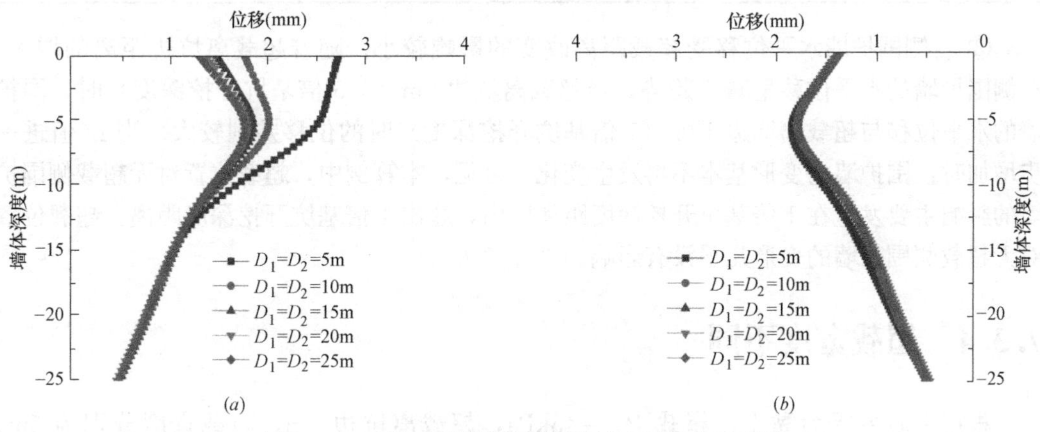

图 7.13　工况 2 下基坑两侧围护墙水平位移示意图

（*a*）左侧围护墙；（*b*）右侧围护墙

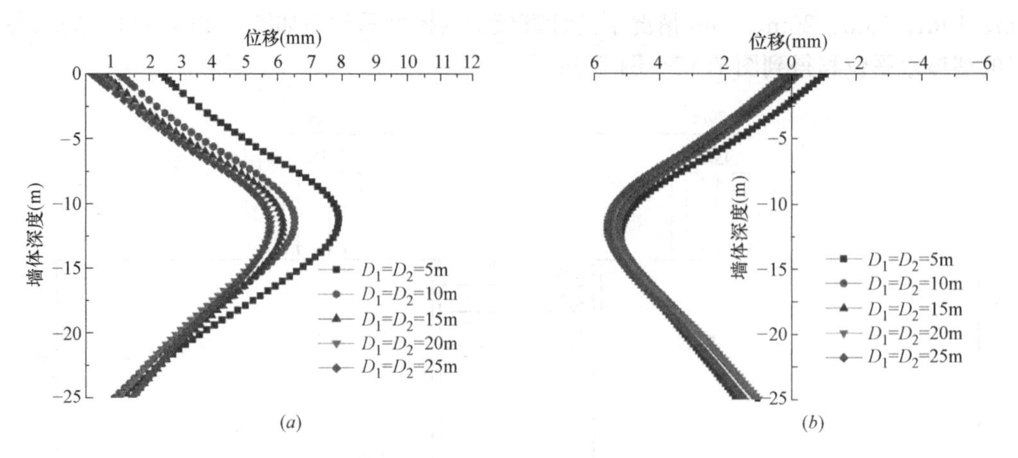

图 7.14　工况 3 下基坑两侧围护墙水平位移示意图

(a) 左侧围护墙；(b) 右侧围护墙

由图 7.12～图 7.14 可见：

① 左侧围护墙受超载距离改变的影响较大。随着超载离坑边距离的增大，围护墙的位移不断变小，最大位移发生位置不断下移。当超载离坑边 5m（0.5 倍基坑开挖深度）时，围护墙的位移显著大于超载离坑边 10m（1 倍基坑开挖深度）时的位移，而随着超载离坑边距离的进一步增加，围护墙的位移变化变缓，当超载离坑边 20m（2 倍基坑开挖深度）以上时，围护墙的位移基本不再发生改变，接近坑边无超载情况下的基坑围护结构位移。超载离坑边距离与左侧围护墙水平位移最大值 S_1 的关系见表 7.10。从表中数据可以更直观地得出以上规律。

超载离坑边距离与 S_1 关系表　　**表 7.10**

超载离坑边的距离(m)	5(0.5 倍基坑开挖深度)	10(1 倍基坑开挖深度)	15(1.5 倍基坑开挖深度)	20(2 倍基坑开挖深度)	25(2.5 倍基坑开挖深度)
工况 1 时 S_1 值(mm)	2.46	1.71	1.52	1.47	1.43
工况 2 时 S_1 值(mm)	2.72	2.02	1.86	1.80	1.77
工况 3 时 S_1 值(mm)	7.87	6.53	6.16	5.77	5.74

② 右侧围护墙水平位移受超载距离改变的影响较小。随着超载离坑边距离的增大，右侧围护墙的水平位移呈减小趋势，当超载离坑边 5m（0.5 倍基坑开挖深度）时，围护墙的水平位移与超载离坑边 10m（1 倍基坑开挖深度）时的位移差别较大。当 D 值进一步增加时，围护墙的变形基本不再发生变化。可见，本算例中，超载位置对无超载侧围护墙的影响主要发生在 1 倍基坑开挖深度距离以内，超出 1 倍基坑开挖深度距离，超载位置对无超载侧围护墙的变形几乎没有影响。

7.3.4　超载宽度不同

根据土质主要为黏土，超载 P_1 = 45kPa，超载离坑边 5m，超载宽度分别为 5m、10m、15m、20m 情况下的计算模型（模型示意图如图 7.15 所示），提取各工况的墙体水平位移得到图 7.16～图 7.18。

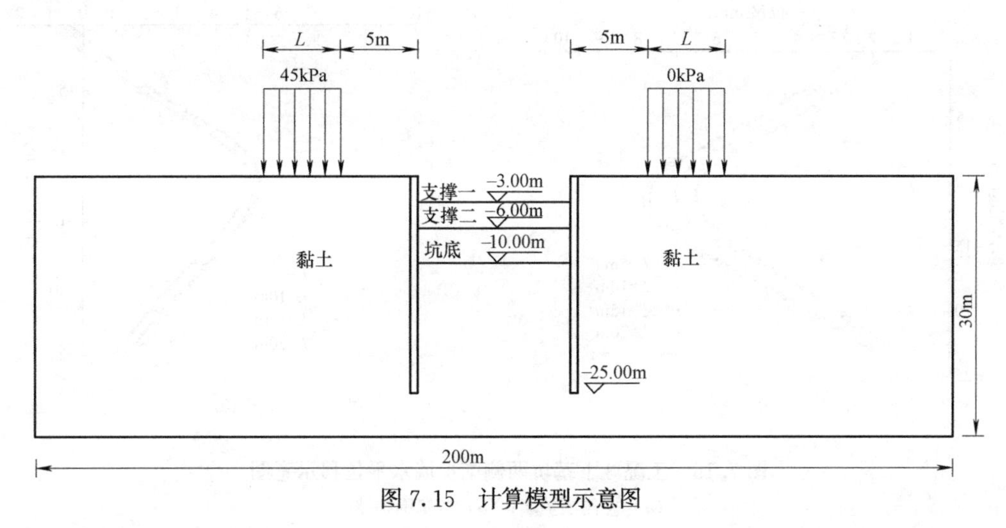

图 7.15 计算模型示意图

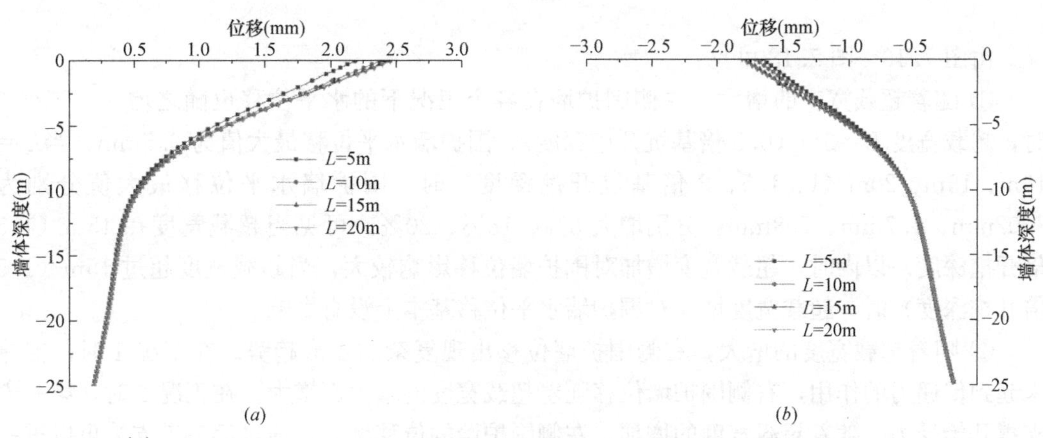

图 7.16 工况 1 下基坑两侧围护墙水平位移示意图

(a) 左侧围护墙；(b) 右侧围护墙

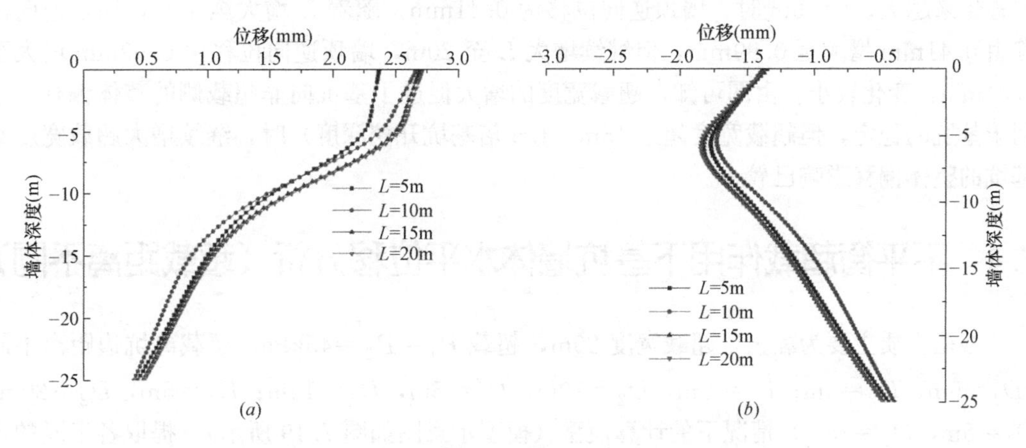

图 7.17 工况 2 下基坑两侧围护墙水平位移示意图

(a) 左侧围护墙；(b) 右侧围护墙

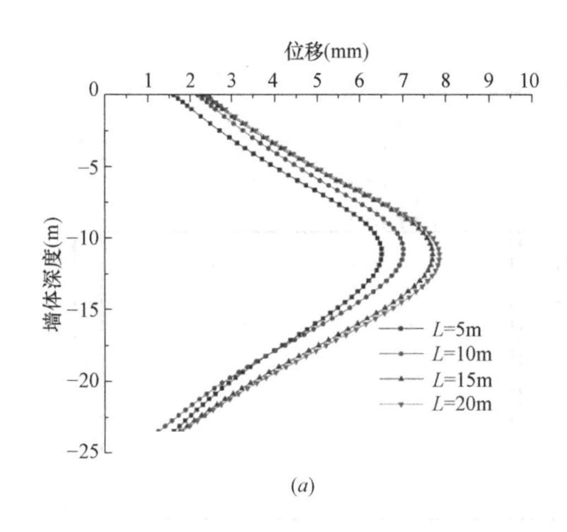

(*a*)

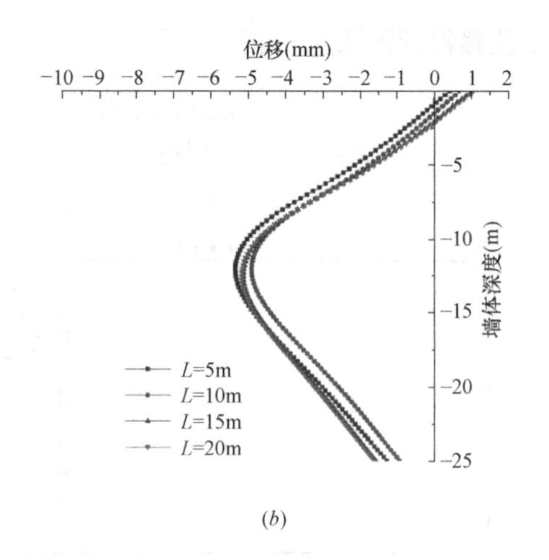

(*b*)

图 7.18 工况 3 下基坑两侧围护墙水平位移示意图

（*a*）左侧围护墙；（*b*）右侧围护墙

由图 7.16～图 7.18 可见：

① 随着超载宽度的增大，左侧围护墙在各个工况下的水平位移也随之增大。工况 3 时，超载宽度 L=5m（0.5 倍基坑开挖深度），围护墙水平位移最大值为 6.5mm，当L=10m、15m、20m（1、1.5、2 倍基坑开挖深度）时，围护墙水平位移最大值分别为 7.02mm、7.7mm、7.8mm，分别增大 8%、18%、20%。可见当超载宽度在 15m（1.5 倍开挖深度）以内时，超载宽度增加对围护墙位移影响较大，当超载宽度超过 15m（1.5 倍开挖深度）时，超载宽度增加对围护墙水平位移基本上没有影响。

② 随着超载宽度的增大，右侧围护墙位移出现复杂的变形趋势。在工况 1 时，支撑未起到传递力的作用，右侧围护墙位移随着超载宽度的增大而增大。在工况 2 时，第一道支撑开始受力，随着超载宽度的增加，左侧围护墙的位移增大，通过第一道支撑可以进一步限制右侧围护墙上部位移的增大。在工况 3 时，两道支撑均开始发挥作用，随着超载宽度的增大，左侧围护墙位移不断增大，右侧围护墙上部位移不断减小，墙顶往坑外的逆向位移越来越大。L=5m 时，墙顶逆向位移为 0.41mm，随着 L 增大至 15m，墙顶逆向位移由 0.41mm 增大至 0.99mm，但继续增大 L 至 20m，墙顶逆向位移由 0.99mm 增大至 1.04mm，变化较小。由图可知，超载宽度的增大促进了基坑向非超载侧的整体偏移，不利于基坑的稳定，但超载宽度超过 15m（1.5 倍基坑开挖深度）时，继续增大超载宽度对基坑的整体偏移影响已较小。

7.4 不平衡超载作用下基坑墙体水平位移分析（超载距离不同）

根据土质主要为黏土，超载宽度 20m，超载 $P_1=P_2=45$kPa，超载离坑边距离不同（D_1=5m，D_2=5m；D_1=5m，D_2=10m；D_1=5m，D_2=15m；D_1=5m，D_2=20m；D_1=5m，D_2=25m）情况下的计算模型（模型示意图如图 7.19 所示），提取各工况的墙体水平位移得到图 7.20～图 7.22。

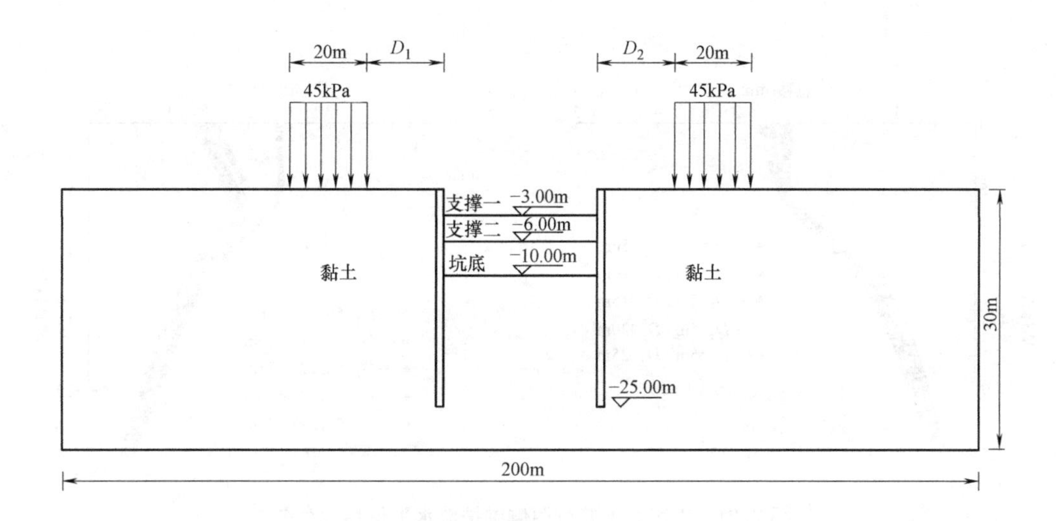

图 7.19　不同超载距离作用下的计算模型示意图

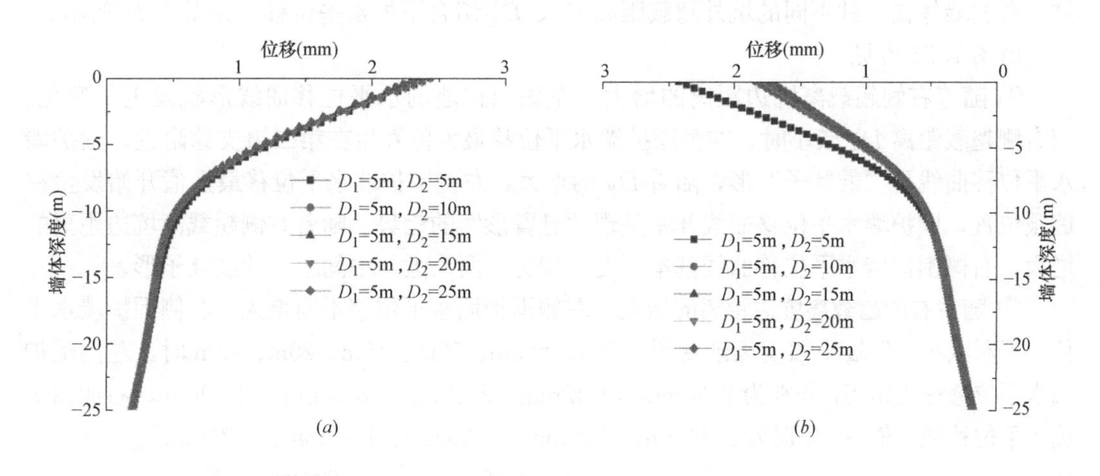

图 7.20　工况 1 下基坑两侧围护墙水平位移示意图

(*a*) 左侧围护墙；(*b*) 右侧围护墙

(1) 工况 1 时，基坑全场开挖至第一道支撑底位置，支撑尚未发挥作用。左右墙体在 5 种不同的坑外超载距离 D_1、D_2 组合下的水平位移，如图 7.20 所示。

由图 7.20 可见：

① 工况 1 下，支撑尚未发挥作用，墙身水平位移最大值均发生在墙顶位置。

② 基坑两侧超载距离相同时，两侧围护墙的变形是对称的。随着右侧超载距离的增大，左侧围护墙位移基本不变，右侧围护墙位移不断减小，但减小的趋势不断减缓。当右侧超载与基坑的距离 D_2 由 5m 增大至 10m 时，右侧围护墙位移最大值由 2.43mm 减小到 1.84mm，减小约 24.3%；当右侧超载与基坑的距离 D_2 由 10m 增大至 25m 时，右侧围护墙位移最大值由 1.84mm 减小至 1.73mm，减小约 5.9%。

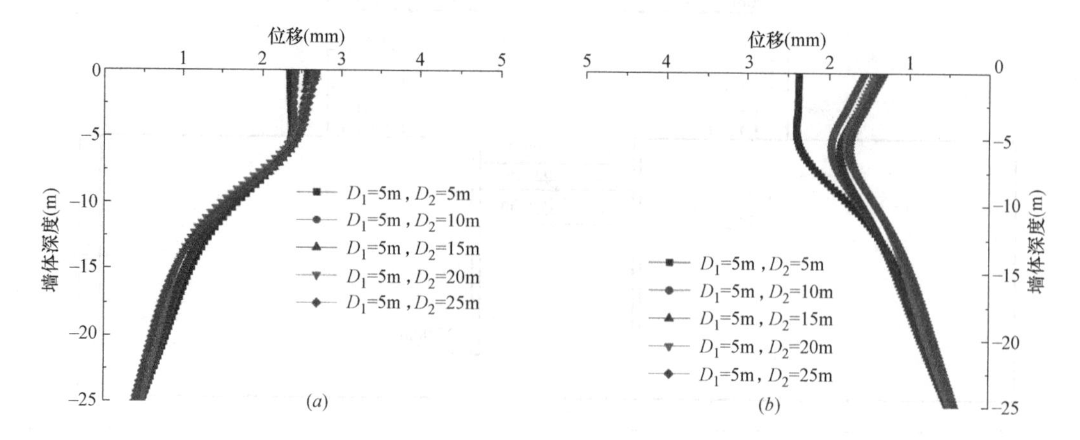

图 7.21　工况 2 下基坑两侧围护墙水平位移示意图

(a) 左侧围护墙；(b) 右侧围护墙

(2) 工况 2 时，基坑全场开挖至第 2 道支撑底位置，第 1 道支撑发挥作用，左侧墙体、右侧墙体在 5 种不同的坑外超载距离 D_1、D_2 组合下的水平位移，如图 7.21 所示。

由图 7.21 可见：

① 随着右侧超载离坑边距离的增大，左侧围护墙的水平位移曲线形状发生了变化。当右侧超载距离 D_2 较小时，左侧围护墙水平位移最大值发生在第二道支撑附近，围护墙水平位移曲线呈"鼓肚子"形，随着 D_2 的增大，左侧围护墙水平位移最大值开始发生在墙顶位置，围护墙水平位移曲线开始呈现"悬臂形"的趋势。随着右侧超载离坑边距离的增大，右侧围护墙水平位移曲线基本不变，均为"两头大，中间小"的鼓肚子形。

② 随着右侧超载离坑边距离的增大，左侧围护墙水平位移不断增大，右侧围护墙水平位移不断减小，但较小幅度逐渐变缓。当 D_2=5m、10m、15m、20m、25m 时，左侧围护墙水平位移最大值 S_1 分别为 2.38mm、2.42mm、2.58mm、2.68mm、2.70mm，右侧围护墙水平位移最大值 S_2 分别为 2.39mm、1.96mm、1.86mm、1.78mm、1.74mm。

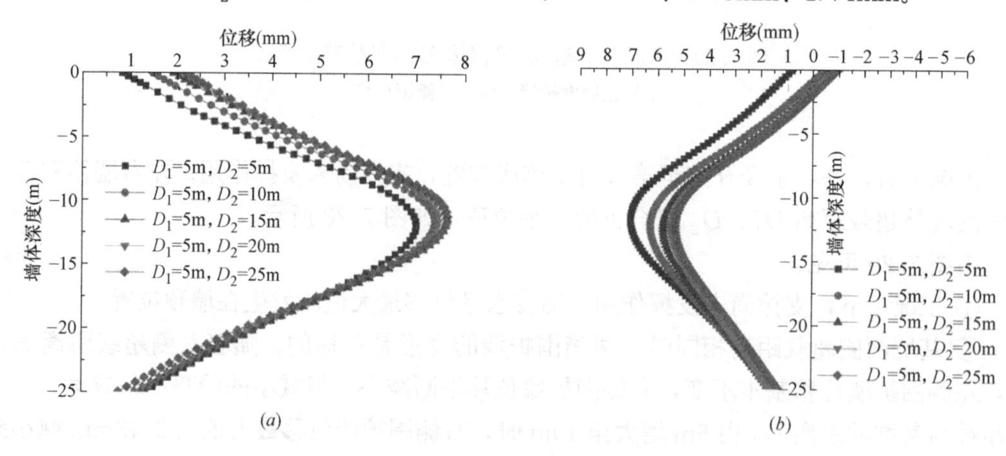

图 7.22　工况 3 下基坑两侧围护墙水平位移示意图

(a) 左侧围护墙；(b) 右侧围护墙

(3) 工况 3 时，基坑全场开挖至－10.0m，两道支撑都开始发挥作用。左侧墙体、右侧墙体在 5 种不同的坑外超载距离 D_1、D_2 组合下的水平位移，如图 7.22 所示。

由图 7.22 可见：

① 随着右侧超载离坑边距离的增大，左侧围护墙水平位移最大值发生位置呈逐渐上移趋势，右侧围护墙水平位移最大值发生位置呈逐渐下移趋势。

② 随着右侧超载离坑边距离的增大，与工况 2 时的规律相似，左侧围护墙水平位移最大值 S_1 不断增大，右侧围护墙水平位移最大值 S_2 不断减小，两侧围护墙水平位移差距不断增大。当 D_2 增大到一定程度时，右侧围护墙墙顶会出现向坑外的逆向位移，且逆向位移值随 D_2 的增大而增大。提取数据并计算，当 D_2＝10m、15m、20m、25m 时，两侧围护墙水平位移最大值 S_1、S_2 的差异率分别为 15.2%、24.3%、26.7%、30.6%，右侧围护墙的逆向位移值分别为 0.4mm、0.8mm、0.8mm、0.9mm。

7.5 不平衡超载作用下基坑墙体内力分析（两侧超载大小不同）

7.5.1 不同超载大小

根据土质主要为黏土，超载宽度 20m，超载离坑边 5m，超载 P_1＝0kPa、30kPa、60kPa、90kPa（P_2＝0kPa）情况下的计算模型，提取各工况的围护墙弯矩得到图 7.23～图 7.25。

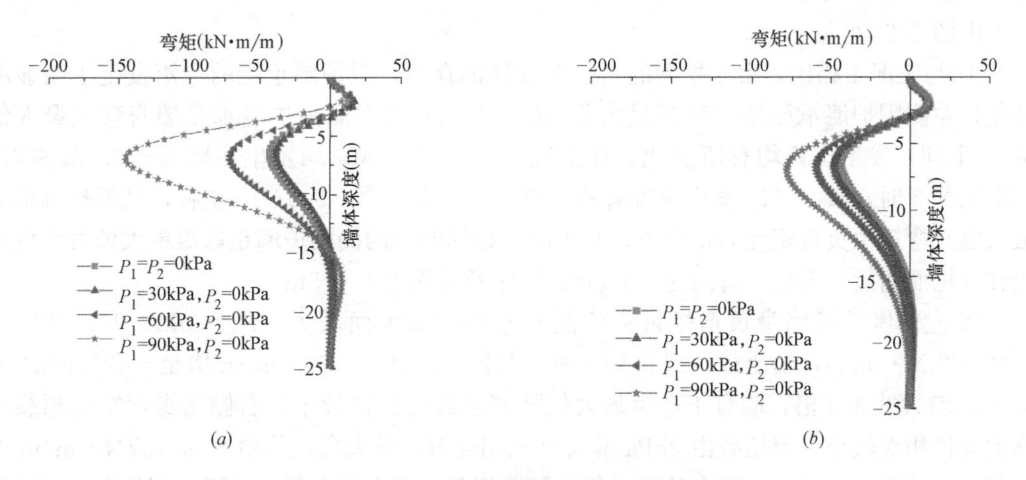

图 7.23 工况 1 下基坑两侧围护墙弯矩示意图

（a）左侧围护墙；（b）右侧围护墙

在工况 1 下，左侧墙体、右侧墙体在四种不同的坑外超载 P_1、P_2 组合下的墙身弯矩如图 7.23 所示。围护墙坑内侧受拉为正，受压为负（下同）。

由图 7.23 可见：

① 在不同的坑外超载组合作用下，墙身弯矩最大值发生位置基本相同。左右两侧墙

身正弯矩最大值均发生在开挖面（－3m）以上1m左右，与已有的研究成果一致[4]。左右两侧墙身承受最大弯矩位置均发生在墙深－6.5m左右。随着超载的增大，两侧墙体正弯矩最大值发生位置逐渐上移，负弯矩最大值发生位置逐渐下移。

② 两侧围护墙的墙身所受弯矩最大值均随着超载的增大而增大。在超载较小时，两侧围护墙的弯矩最大值相差不大，当超载大于60kPa时，两侧围护墙的弯矩开始出现较大差异。超载为90kPa时，左侧围护墙负弯矩最大值为－144.92kN·m/m，大约是右侧围护墙负弯矩最大值的两倍。两侧围护墙的正弯矩最大值相差不大。

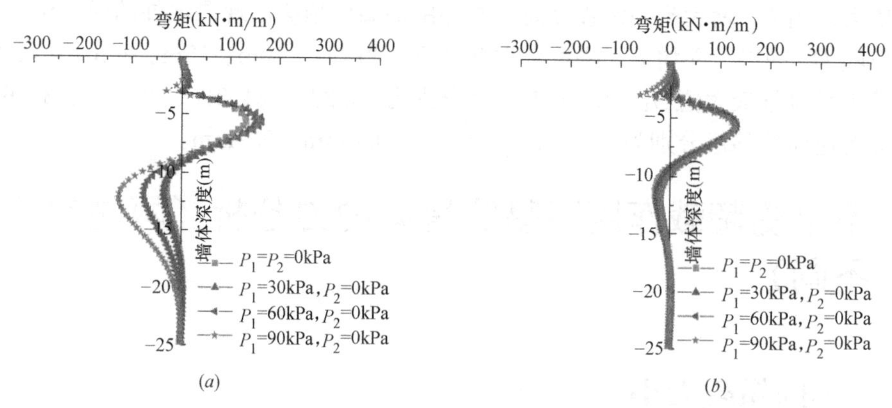

图7.24　工况2下基坑两侧围护墙弯矩示意图

(*a*) 左侧围护墙；(*b*) 右侧围护墙

在工况2下，左侧墙体、右侧墙体在四种不同的坑外超载 P_1、P_2 组合下的墙身弯矩，如图7.24所示。

由图7.24可见：

① 与工况1相比，由于挖深的增加和支撑的存在，围护墙承受的弯矩发生了明显的变化，左侧围护墙承受墙身弯矩最大值 M_1（下同）和右侧围护墙承受墙身弯矩最大值 M_2（下同）发生位置均有所变化。在工况1时，M_1、M_2 均发生在墙深－6.5m左右，而在工况2时，M_1、M_2 发生位置有所上移，发生在墙深－5.625m左右，且围护墙承受最大墙身弯矩由负弯矩变为正弯矩。与工况1相同的是两侧围护墙正弯矩最大值发生位置仍在开挖面附近，工况2时约为－5.5m，位于开挖面上方0.5m。

② 左侧围护墙墙身负弯矩最大值随着超载的增大而增大，P_1＝0kPa时，其值为－29.10kN·m/m，当超载达到90kPa时，其值由－29.10kN·m/m增至－125.60kN·m/m，增大约3.3倍，墙身正弯矩最大值随着超载的变化较小。右侧墙身弯矩随超载的增大变化相对较小，当超载由0kPa增大至90kPa时，最大弯矩值由－29.10kN·m/m增大至－60.75kN·m/m，增大约1.1倍。随着超载的增大，右侧围护墙上部负弯矩不断不增大，在 P_1＝60kPa时，最大负弯矩发生位置由墙深－11.5m处变为墙深－3m处。

在工况3下，左侧墙体、右侧墙体在四种不同的坑外超载 P_1、P_2 组合下的墙身弯矩，如图7.25所示。

由图7.25可见：

① 在工况3时，M_1、M_2 发生位置有所下移，发生在墙深－10.5m左右，为开挖面下方0.5m。

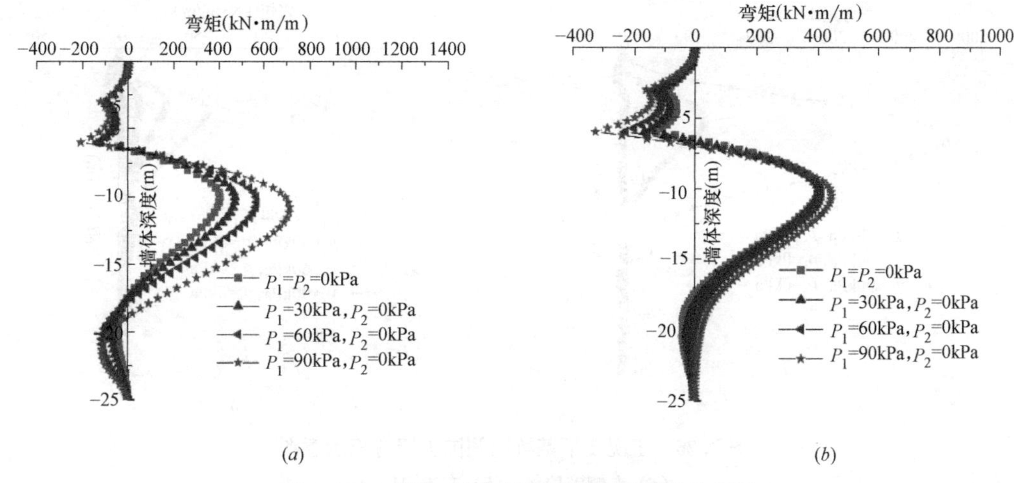

图 7.25　工况 3 下基坑两侧围护墙弯矩示意图

(*a*) 左侧围护墙；(*b*) 右侧围护墙

② 提取有限元模拟数据得到 4 种不同坑外超载 P_1、P_2 组合下的 M_1、M_2 值，如表 7.11 所示。从表中可以看出，随着左侧坑外超载的增大，两侧围护结构弯矩最大值均增大，但左侧围护结构弯矩最大值增大幅度较大，两侧围护墙弯矩最大值差异率逐渐增大。

在实际工程中，当两侧围护墙弯矩峰值相差较小时，考虑到施工方便，设计中可以按相同配筋进行设计。故坑边超载 P_1 小于 30kPa 时，两侧围护墙弯矩最大值 M_1、M_2 的差异率小于 10%，两侧围护结构弯矩差值可以忽略，在基坑支护设计时，可以采用传统的对称方法进行处理；坑边超载 P_1 大于等于 30kPa 时，两侧围护墙弯矩最大值 M_1、M_2 的差异率大于 10%，应该对两侧的墙身弯矩分别考虑，以达到最优化设计，减小造价。

墙体最大弯矩统计分析表　　　　**表 7.11**

弯矩(kN·m/m)	(P_1,P_2)(kPa)超载组合			
	(0,0)	(30,0)	(60,0)	(90,0)
$\|M_1\|$	403.91	469.75	567.37	712.28
$\|M_2\|$	403.91	402.57	411.03	444.23
$\|\|M_1\|-\|M_2\|\|/\|M_1\|$(%)	0	14.3	27.6	36.6

7.5.2　不同土质情况

根据土质主要为砂土，超载宽度 20m，超载离坑边 5m，超载 P_1=0kPa、30kPa、60kPa、90kPa 情况下的计算模型，提取各工况的墙体弯矩得到图 7.26～图 7.28。

由图 7.26～图 7.28 可见：

① 工况 1 时，对比图 7.23 和图 7.26 可以看出，主要土层为砂土时两侧围护墙弯矩随超载增大的变化规律与主要土层为黏土时基本一致。随着超载的增大，主要土层为砂土时围护墙弯矩变化幅度较大。当超载从 0kPa 增大到 90kPa 时，在主要土层为黏土时，左

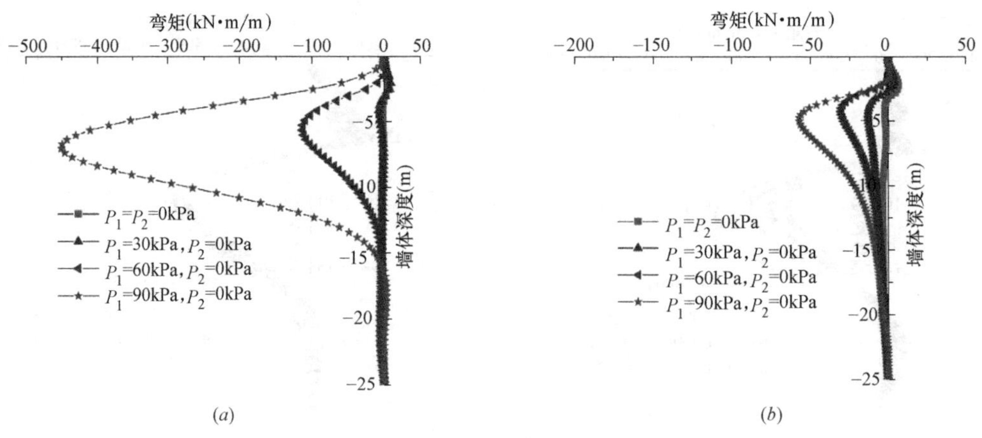

图 7.26　工况 1 下基坑两侧围护墙弯矩示意图

（*a*）左侧围护墙；（*b*）右侧围护墙

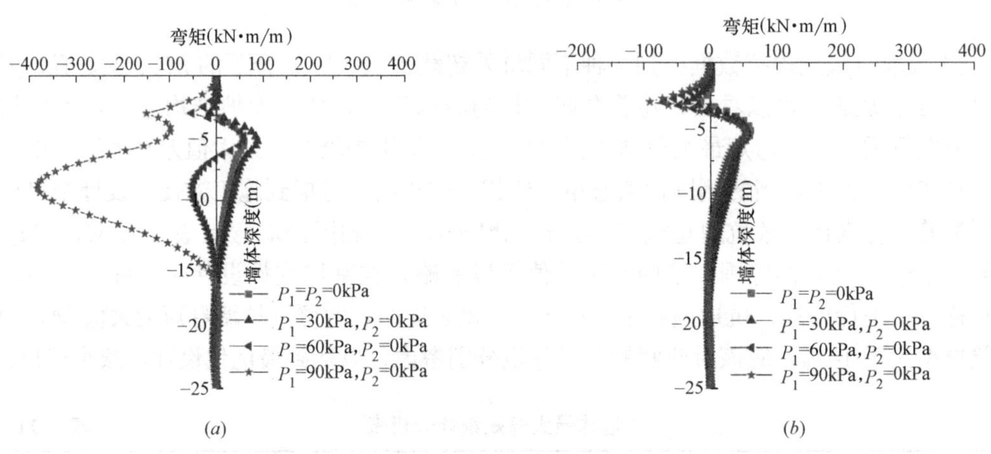

图 7.27　工况 2 下基坑两侧围护墙弯矩示意图

（*a*）左侧围护墙；（*b*）右侧围护墙

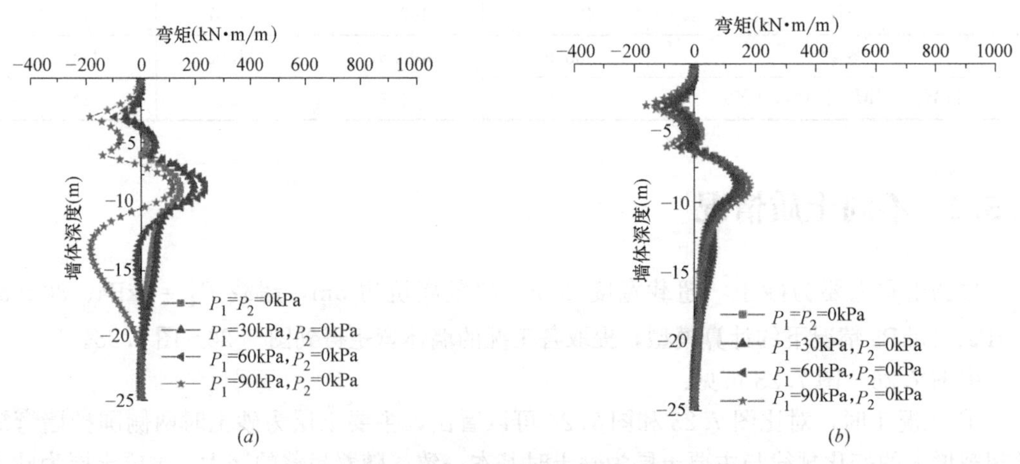

图 7.28　工况 3 下基坑两侧围护墙弯矩示意图

（*a*）左侧围护墙；（*b*）右侧围护墙

侧围护墙弯矩最大值由42.9kN·m/m（负弯矩，下同）增大到144.9kN·m/m，右侧围护墙弯矩最大值由42.9kN·m/m增大到78.08kN·m/m；在主要土层为砂土时，左侧围护墙弯矩最大值由6.4kN·m/m（正弯矩）增大到450.4kN·m/m（负弯矩），右侧围护墙弯矩最大值由6.4kN·m/m（正弯矩）增大到56.9kN·m/m（负弯矩），右侧围护墙弯矩增加幅度更大。

② 工况2时，对比图7.24和图7.27可以看出，两种土层情况下，右侧围护墙的弯矩变化规律基本一致，左侧围护墙的弯矩变化规律略有差别。在土层2（主要土层为砂土）中，当超载较大时，左侧围护墙弯矩基本均为负弯矩，这主要是因为砂土的黏聚力为0，在承受较大超载时，"扩散"作用较小，超载影响范围集中，导致紧邻超载的围护墙受较大的推挤作用而大幅度向坑内位移，围护墙变形类似于悬臂阶段（结合图7.9），围护桩大部分承受负弯矩。

③ 工况3时，对比图7.25和图7.28可以看出，两种土层情况下，右侧围护墙的弯矩变化规律基本一致，左侧围护墙的弯矩变化规律略有差别。提取有限元模拟数据，得到4种不同坑外超载 P_1、P_2 组合下两侧围护墙弯矩最大值 M_1、M_2 如表7.12所示。从表中可以看出，随着左侧超载的增大，M_1 增大幅度较大，M_2 增大幅度较小，M_1、M_2 的差异率逐渐增大。但左侧超载为90kPa时，M_1、M_2 的差异率骤减，这主要是因为左侧围护结构弯矩曲线形状发生了较大变化，弯矩最大值由正弯矩变为负弯矩，弯矩最大值发生位置由坑底附近变为第一道支撑附近，从而 M_1、M_2 的差异率出现异常变化。

墙体最大弯矩统计分析表 **表7.12**

弯矩(kN·m/m)	(P_1,P_2)(kPa)超载组合			
	(0,0)	(30,0)	(60,0)	(90,0)
$\|M_1\|$	145.16	195.10	236.39	183.69
$\|M_2\|$	145.16	140.34	159.71	181.67
$\|\|M_1\|-\|M_2\|\|/\|M_1\|$(%)	0	28.1	32.4	2

7.5.3 超载离坑边距离不同

根据土质主要为黏土，超载 $P_1=45$kPa，超载宽度20m，超载分别离坑边5m、10m、15m、20m、25m情况下的计算模型，提取各工况的墙体弯矩得到图7.29～图7.31。

由图7.29～图7.31可见：

① 工况1时，随着超载离坑边距离增加，两侧围护墙弯矩最大值发生位置基本不变，左侧围护墙正弯矩不断减小，右侧围护墙正弯矩基本不变，右侧围护墙负弯矩不断减小。

② 工况2时，与工况1时的规律类似，随着超载离坑边距离增加，两侧围护墙弯矩最大值发生位置基本不变，左侧围护墙正弯矩不断减小，右侧围护墙正弯矩基本不变，与工况1不同的是，右侧围护墙负弯矩不断增大。

③ 工况3时，与工况1、2时的规律类似，随着超载离坑边距离增加，两侧围护墙弯矩最大值发生位置基本不变，右侧围护墙正弯矩基本不变，左侧围护墙正弯矩不断减小，与工况2不同的是，右侧围护墙负弯矩最大值不断减小。因左侧围护墙弯矩最大值不断减

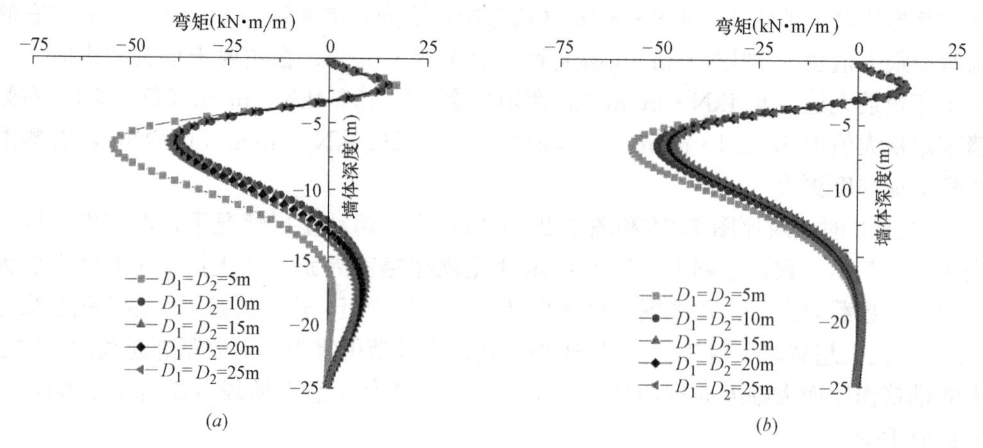

图 7.29 工况 1 下基坑两侧围护墙弯矩示意图

(a) 左侧围护墙；(b) 右侧围护墙

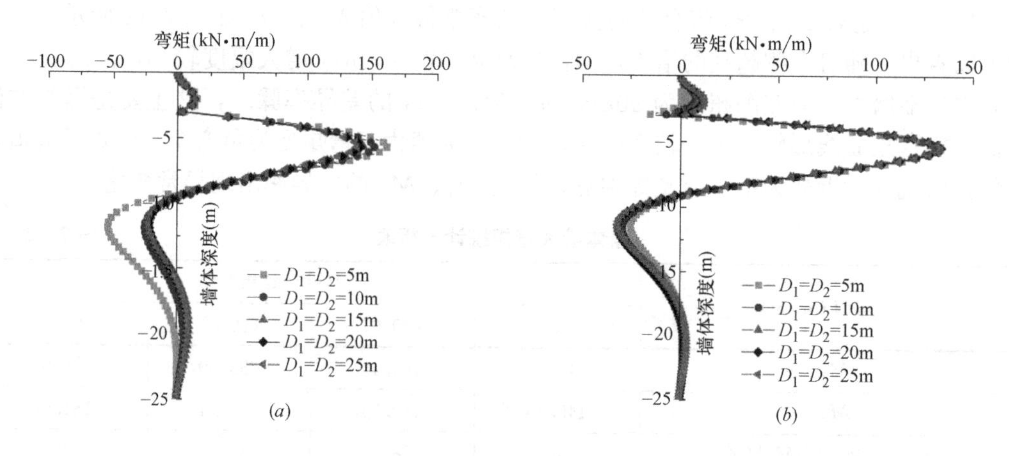

图 7.30 工况 2 下基坑两侧围护墙弯矩示意图

(a) 左侧围护墙；(b) 右侧围护墙

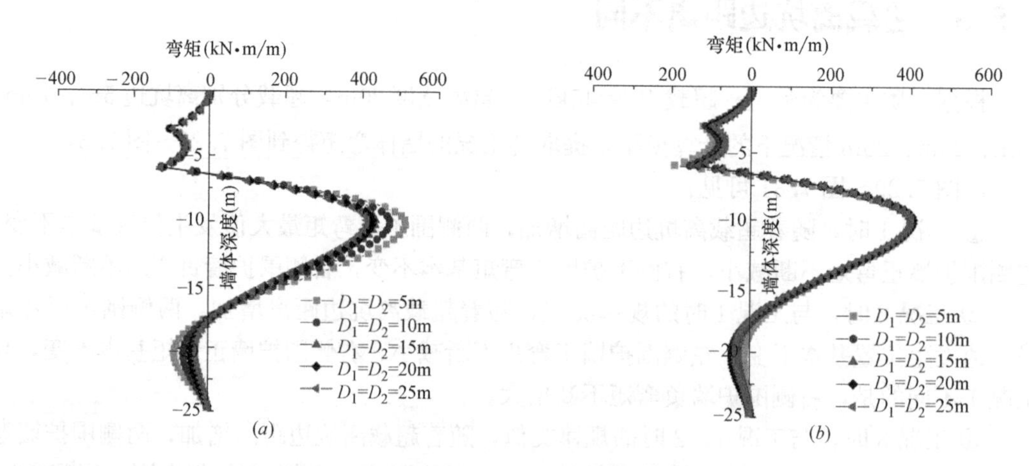

图 7.31 工况 3 下基坑两侧围护墙弯矩示意图

(a) 左侧围护墙；(b) 右侧围护墙

小，右侧围护墙弯矩最大值基本不变，故两侧围护墙弯矩最大值 M_1、M_2 的差值不断减小。提取数据进行计算，当超载离坑边距离为5m、10m、15m、20m、25m时，M_1、M_2 的差异率分别为21.9%、14.4%、8.0%、4.8%、2.4%。可见，随着两侧不平衡超载离坑边距离的增大，两侧围护墙弯矩最大值差异率不断减小，基坑两侧受力不对称现象有所缓解。当超载距离坑边较远时，两侧不平衡超载对两侧围护墙弯矩影响已较小，可以不考虑不平衡超载对两侧围护墙弯矩造成的差异。本算例中，当超载距离大于等于15m时，两侧围护墙弯矩最大值差异率小于10%，在实际工程中为了便于施工，两侧围护墙可以采用相同的配筋，不必再考虑两侧不平衡超载对两侧围护墙弯矩差异的影响。

7.5.4 超载宽度不同

根据土质主要为黏土，超载 $P_1=45\text{kPa}$，超载离坑边5m，超载宽度分别为5m、10m、15m、20m情况下的计算模型，提取各工况的墙体弯矩得到图7.32～图7.34。

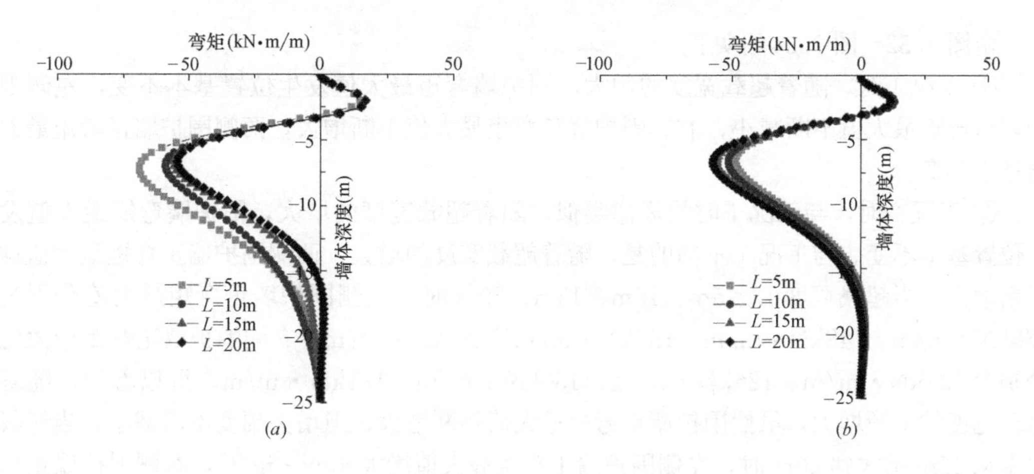

图7.32 工况1下基坑两侧围护墙弯矩示意图

（a）左侧围护墙；（b）右侧围护墙

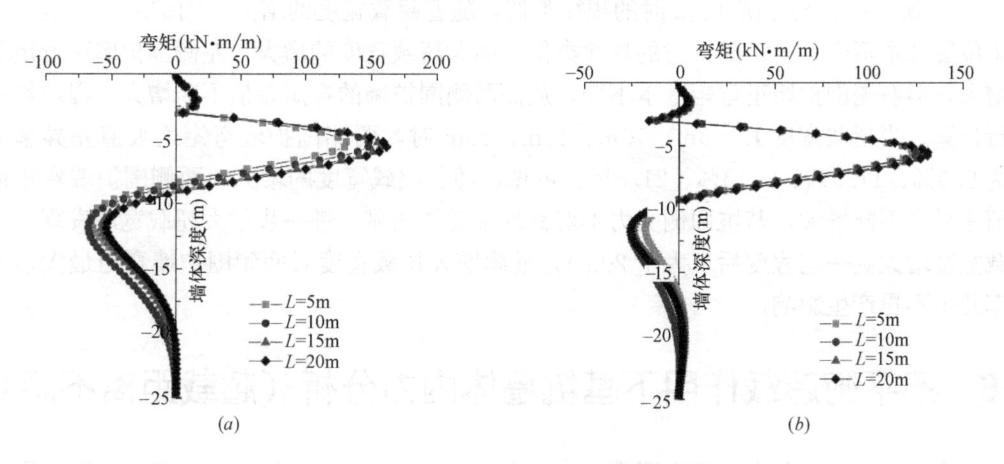

图7.33 工况2下基坑两侧围护墙弯矩示意图

（a）左侧围护墙；（b）右侧围护墙

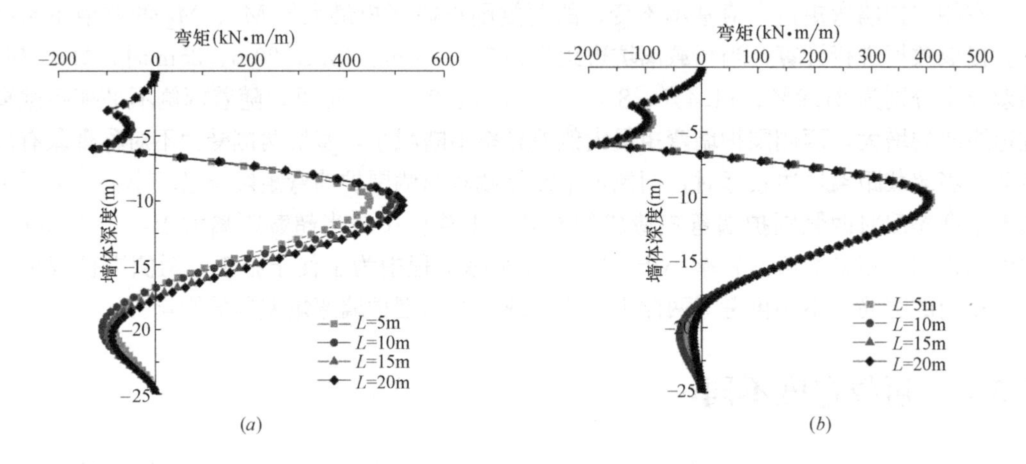

图 7.34　工况 3 下基坑两侧围护墙弯矩示意图

（a）左侧围护墙；（b）右侧围护墙

由图 7.32～图 7.34 可见：

① 工况 1 时，随着超载宽度的增大，围护墙弯矩最大值发生位置基本不变，左侧围护墙负弯矩最大值不断减小，右侧围护墙负弯矩最大值不断增大，两侧围护墙正弯矩最大值基本不变。

② 工况 2 时，与工况 1 时的规律类似，随着超载宽度的增大，围护墙弯矩最大值发生位置基本不变。与工况 1 不同的是，随着超载宽度的增大，两侧围护墙正弯矩最大值均不断增大，当超载宽度 L=5m、10m、15m、20m 时，左侧围护墙正弯矩最大值分别为 130kN·m/m、148kN·m/m、157kN·m/m、161kN·m/m，右侧围护墙正弯矩最大值分别为 124kN·m/m、126kN·m/m、130kN·m/m、131kN·m/m。可以看出，随着超载宽度的不断增大，虽然围护墙正弯矩最大值不断增大，但增大幅度不断减小，当超载宽度从 15m 增大到 20m 时，左侧围护墙正弯矩最大值增大 4kN·m/m，右侧围护墙正弯矩最大值增大 1kN·m/m，几乎可以忽略不计。

③ 工况 3 时，与工况 1、2 时的规律类似，随着超载宽度的增大，围护墙弯矩最大值发生位置基本不变。与工况 2 时的规律类似，随着超载宽度的增大，左侧围护墙正弯矩不断增大，但右侧围护墙正弯矩基本不变，从而两侧围护墙的弯矩差值不断增大。提取数据进行计算，当超载宽度 L=5m、10m、15m、20m 时，两侧围护墙弯矩最大值差异率分别为 9.0%、17.9%、21.2%、21.8%。可见，随着超载宽度的增大，两侧围护墙弯矩最大值差异率不断增大，基坑两侧受力不对称现象更加明显。进一步增大超载宽度发现，当超载宽度增大到一定程度后（大于 20m），继续增大超载宽度对两侧围护墙弯矩最大值差异率几乎不再产生影响。

7.6　不平衡超载作用下基坑墙体内力分析（超载距离不同）

根据土质主要为黏土，超载宽度 20m，超载 $P_1=P_2=45$kPa，超载离坑边距离不同（D_1=5m，D_2=5m；D_1=5m，D_2=10m；D_1=5m，D_2=15m；D_1=5m，D_2=20m）

情况下的计算模型，提取各工况的围护墙弯矩得到图 7.35～图 7.37。

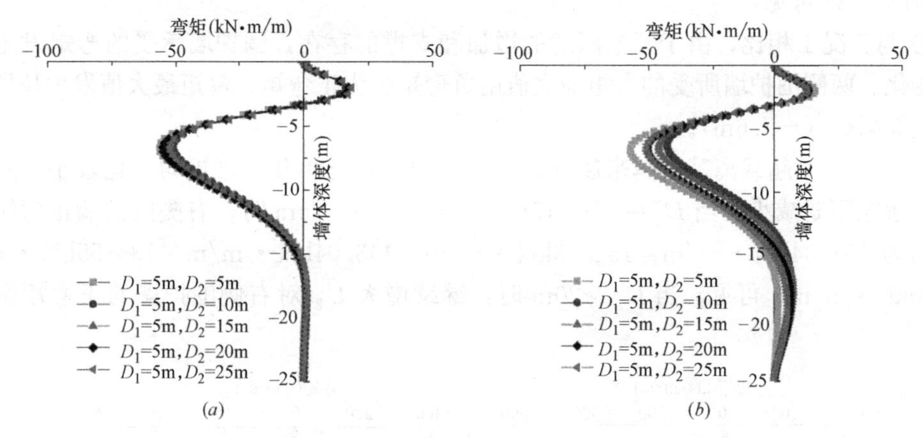

图 7.35 工况 1 下基坑两侧围护墙弯矩示意图

(a) 左侧围护墙；(b) 右侧围护墙

工况 1 时，左侧墙体、右侧墙体在 5 种不同的坑外超载距离 D_1、D_2 组合下的墙身弯矩，如图 7.35 所示。围护墙坑内侧受拉为正，受压为负。

由图 7.35 可见：

① 在不同的坑外超载距离组合作用下，两侧围护墙墙身弯矩最大值发生位置基本不变。两侧围护墙最大正弯矩发生位置均为开挖面附近（−2m），左侧围护墙最大负弯矩发生位置为−6.7m，右侧围护墙最大负弯矩发生位置略有上移（−6.5m）。

② 左侧围护墙的墙身正弯矩随 D_2 的增大而增大，右侧围护墙的墙身正弯矩随 D_2 的增大而减小。当 D_2 ＝5m、10m、15m、20m、25m 时，左侧围护墙正弯矩最大值分别为 16.18kN·m/m、16.35kN·m/m、17.13kN·m/m、17.59kN·m/m、18.60kN·m/m，右侧围护墙正弯矩最大值分别为 15.92kN·m/m、13.75kN·m/m、13.25kN·m/m、13.10kN·m/m、13.05kN·m/m。可见，随着 D_2 的增大，两侧围护墙的正弯矩最大值差值将越来越大。

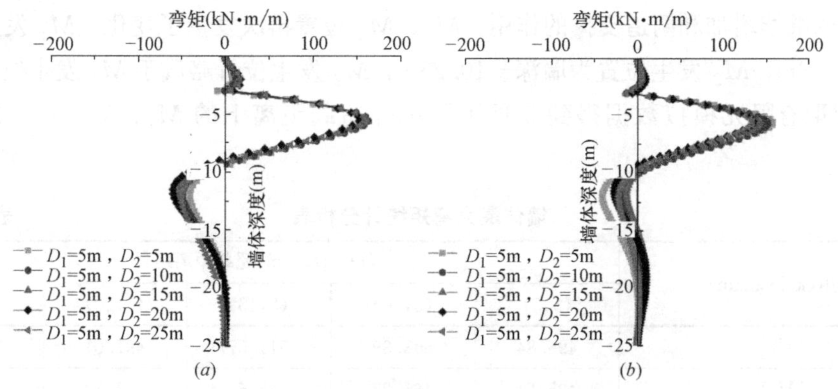

图 7.36 工况 2 下基坑两侧围护墙弯矩示意图

(a) 左侧围护墙；(b) 右侧围护墙

工况 2 时，左侧墙体、右侧墙体在 5 种不同的坑外超载距离 D_1、D_2 组合下的墙身弯矩，如图 7.36 所示。

由图 7.36 可见：

① 与工况 1 相比，由于开挖深度的增加和支撑的存在，围护墙承受的弯矩发生了明显的变化。两侧围护墙所受的弯矩最大值由负弯矩变为正弯矩，弯矩最大值发生位置上移至开挖面附近（−5.6m）。

② 随着右侧超载离基坑越来越远，左侧围护墙正弯矩和负弯矩均变化较小，右侧围护墙正弯矩不断减小。当 D_2=5m、10m、15m、20m、25m 时，右侧围护墙正弯矩最大值分别为 157.34kN·m/m、151.53kN·m/m、143.04kN·m/m、134.55kN·m/m、133.40kN·m/m，可见，当 D_2＞20m 时，继续增大 D_2 对右侧围护墙的正弯矩影响已较小。

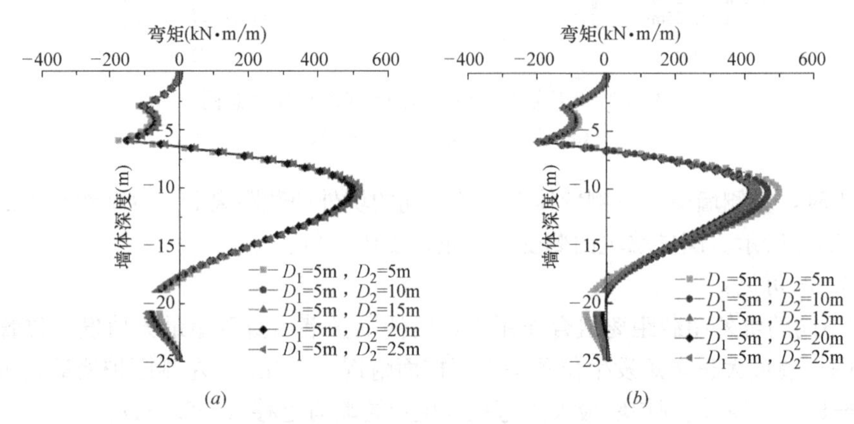

图 7.37　工况 3 下基坑两侧围护墙弯矩示意图

(a) 左侧围护墙；(b) 右侧围护墙

工况 3 时，左侧墙体、右侧墙体在 5 种不同的坑外超载距离 D_1、D_2 组合下的墙身弯矩，如图 7.37 所示。

由图 7.37 可见：

① 与工况 2 相同，工况 3 时两侧围护墙承受的最大墙身弯矩均为内侧受拉的正弯矩，随着挖深的继续增加和两道支撑的作用，M_1、M_2 位置再次发生了变化。M_1 发生位置为墙深−10.38m，M_2 发生位置为墙深−10.25m，M_2 发生位置略浅于 M_1 发生位置。

② 提取有限元模拟数据得到 5 种不同坑外超载距离下的 M_1、M_2 值，如表 7.13 所示。

墙体最大弯矩统计分析表　　**表 7.13**

弯矩(kN·m/m)	(D_1,D_2)(m)超载距离组合				
	(5,5)	(5,10)	(5,15)	(5,20)	(5,25)
$\lvert M_1\rvert$	495.84	508.39	511.57	497.01	520.49
$\lvert M_2\rvert$	495.84	465.27	438.57	417.39	421.62
$\lvert\lvert M_1\rvert-\lvert M_2\rvert\rvert/\lvert M_1\rvert$(%)	0	8	14	16	19

在实际工程中，当弯矩峰值相差较小时，考虑到施工方便，设计中可以按相同配筋进

行设计。故右侧坑边超载距离 D_2 小于 15m 时，两侧围护墙弯矩最大值 M_1、M_2 的差值可以忽略，在结构设计时，可以采用传统的对称方法进行处理；当右侧坑边超载距离 D_2 大于等于 15m 时，两侧围护墙的墙身弯矩最大值 M_1、M_2 差异率大于 10%，应该对两侧的墙身弯矩分别考虑，以达到最优化设计，减小造价。

7.7 不平衡超载作用下基坑支撑轴力和位移分析

取土质主要为黏土，超载宽度 20m，超载离坑边 5m，超载 P_1 = 0kPa、30kPa、60kPa、90kPa 情况下的计算模型，为了更好地分析支撑轴力和位移的变化规律，增加了 P_1=15kPa、P_1=45kPa 两组模型。提取支撑轴力得到图 7.38、图 7.39，提取支撑两侧端点水平位移量得到图 7.40、图 7.41。

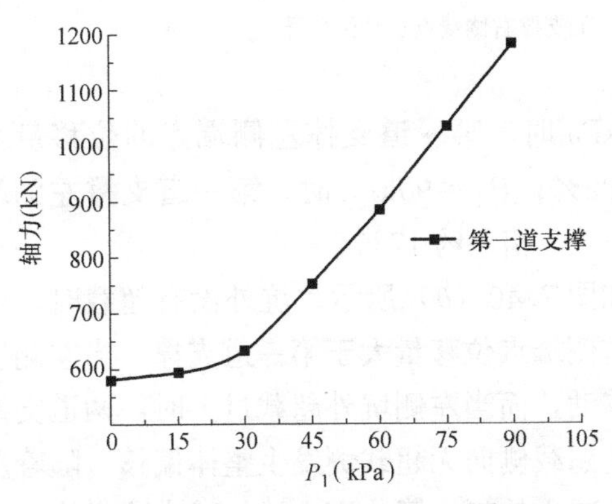

图 7.38 工况 2 下第一道支撑轴力变化

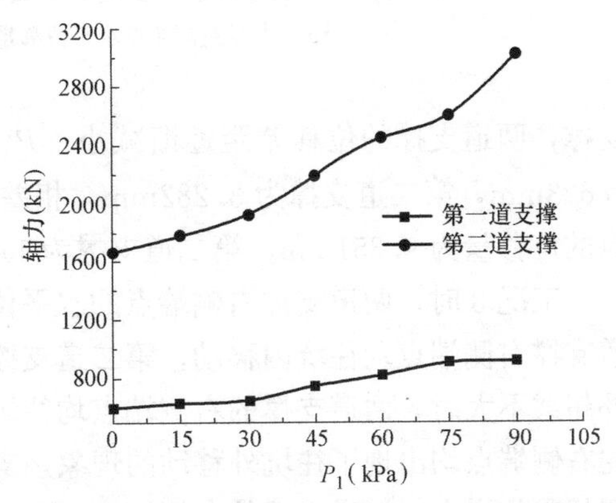

图 7.39 工况 3 下第一、二道支撑轴力变化

内支撑轴力是评判基坑工程开挖过程中围护结构稳定性的重要指标之一。

工况 2 时，第一道支撑开始受力，如图 7.38 所示。随着超载 P_1 的增大，支撑轴力不断增加，P_1 = 0kPa 时，支撑轴力为 580kN，当 P_1 增大至 90kPa 时，支撑轴力为 1181kN，约为 P_1=0kPa 时的两倍，可见坑外超载变化对支撑轴力的影响较大。

工况 3 时，两道支撑均开始受力，如图 7.39 所示。与工况 2 相比，工况 3 时第一道支撑轴力有所减小，这主要是因为第二道支撑参与了受力的原因。第二道支撑轴力随着坑边超载的增大而增大，P_1 = 0kPa 时，第二道支撑轴力大小为 1663kN，当 P_1 增大至 90kPa 时，支撑轴力为 3024kN，增大约 82%。第二道支撑的轴力显著大于第一道支撑，约为第一道支撑轴力大小的三倍，且随着坑边超载的增大该比值进一步增加。可见在此算例中，超载增加对第二道支撑的影响更大，第二道支撑对于基坑的整体稳定影响也更大。

通常情况下，当深基坑工程两侧边界条件为对称时，仅在压力和重力作用下发生相对位移较小的弯曲变形[14]，内支撑水平位移一般较小。而在非对称超载作用下，内支撑不仅产生压缩变形，并随着超载侧围护结构的变形一起向非超载侧发生偏移[7]。此时的支撑位移会明显大于对称条件时的支撑位移。

工况 3 时，两道支撑左侧端点的水平位移如图 7.40 (*a*) 所示。坑外没有超载时，两道支撑左侧端点均往坑内移动，第二道支撑的位移量显著大于第一道支撑，随着左侧坑外超载的增大，两道支撑左侧端点位移量均增大，且第一道支撑位移的增大速度快于第二道

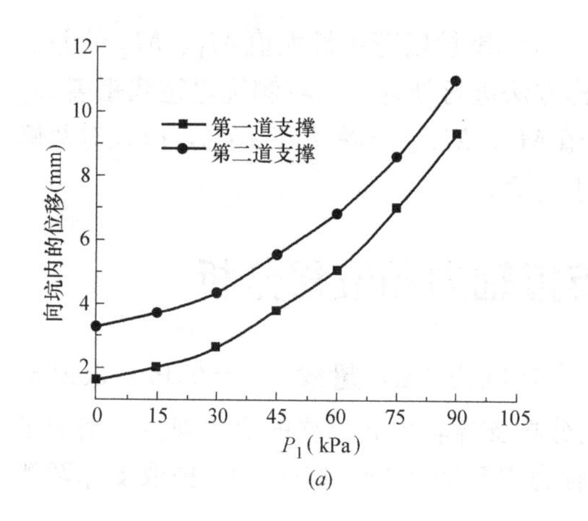

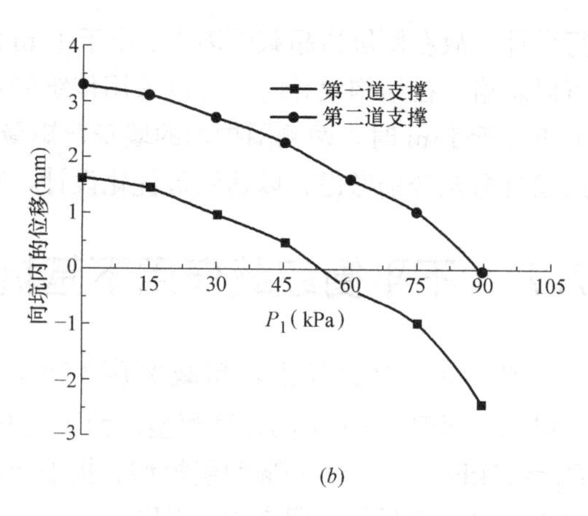

图 7.40 工况 3 下支撑端点水平位移变化示意图

(*a*) 支撑左侧端点水平位移量；(*b*) 工支撑右侧端点水平位移量

支撑，两道支撑的位移差距逐渐减小。P_1=0kPa 时，第一道支撑左侧端点的位移量为 1.623mm，第二道支撑为 3.282mm，相差约 102%；P_1=90kPa 时，第一道支撑左侧端点的位移量为 9.351mm，第二道支撑为 11.02mm，相差约 17%。

工况 3 时，两道支撑右侧端点的水平位移如图 7.40（*b*）所示。坑外没有超载时，两道支撑右侧端点均往坑内移动，第二道支撑的右侧端点位移量大于第一道支撑。当左侧坑外超载不大时，两道支撑的右侧端点均往坑内移动，而当左侧坑外超载过大时，两道支撑的右侧端点均出现了往坑外移动的现象，支撑由超载侧向无超载侧发生整体偏移。随着左侧超载的增大，两道支撑的右侧端点位移量均呈减小趋势，第一道支撑的减小速度快于第二道支撑，两道支撑的位移差值越来越大。在 P_1=60kPa 时，第一道支撑右侧端点出现向坑外的位移，支撑出现了整体偏移。当 P_1=90kPa 时，第二道支撑也出现了整体偏移。在实际工程中，非对称超载还会使基坑两侧产生不均匀沉降，支撑的两端易随围护墙的不均匀沉降产生竖直方向的位移差，从而导致支撑的受力特征改变，由轴心受压变为偏心受压，进一步影响支撑效果的发挥甚至产生支撑失效，这点也是值得每一位工程人员注意的。

7.8 不平衡超载作用下基坑坑外地表沉降分析

提取土质为黏土，超载宽度 20m，超载离坑边 5m，超载 P_1=0kPa、10kPa、20kPa、30kPa 情况下的计算模型。提取两侧坑外地表沉降数据得到图 7.43、图 7.44。

由于基坑内土体卸荷，围护结构外侧的土体产生主动土压力，土压力带动基坑周围土体向坑内位移，基坑坑底处呈现出隆起现象，而基坑周围地表则表现为沉降现象。坑外地表沉降变形趋势与围护结构的变形模式有紧密的联系。当围护结构为正向转动时，坑外地表沉降曲线类似三角形，当围护结构为反向转动时，坑外地表沉降曲线类似于凹槽形，当围护结构为挠曲变形时，坑外地表沉降曲线也类似于凹槽形[15]。本算例中，当基坑开挖至工况 3 时，围护结构大致为挠曲变形，故坑外地表沉降曲线大致为凹槽形。

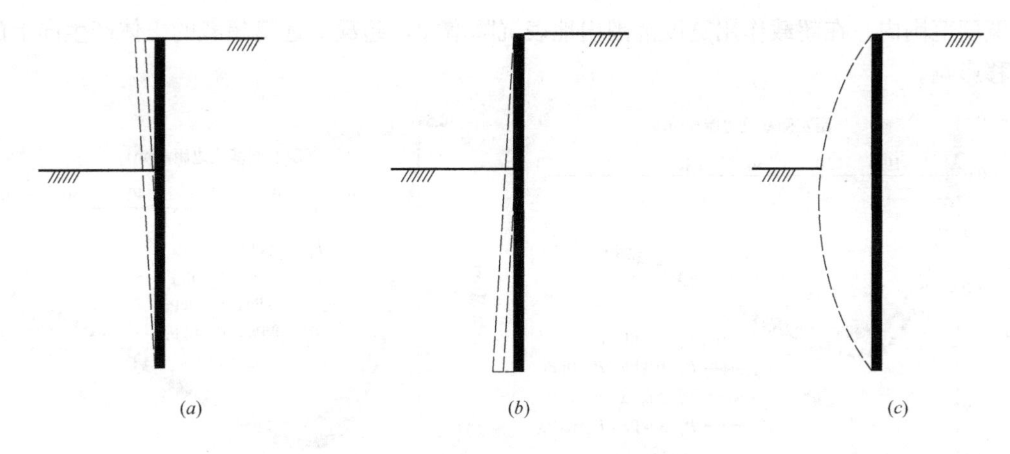

图 7.41　围护结构的基本位移模式

(a) 正向转动；(b) 反向转动；(c) 挠曲

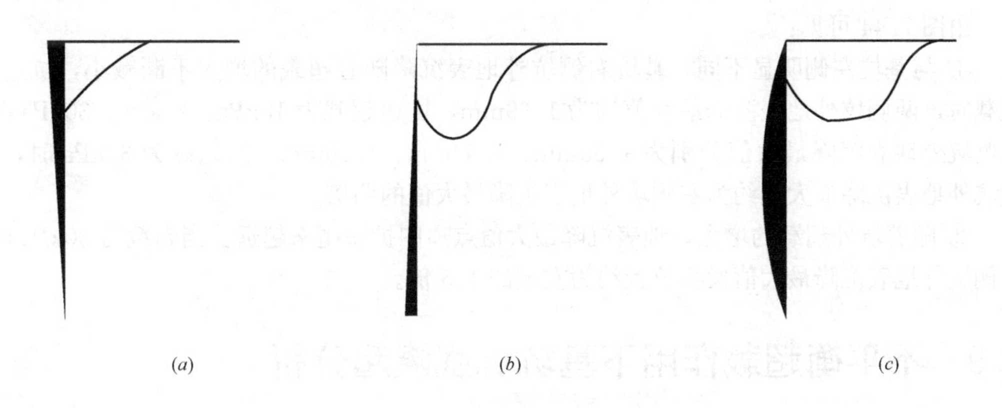

图 7.42　坑外地表沉降的基本模式

(a) 三角形；(b) 凹槽形；(c) 凹槽形

基坑外距坑边一定范围内，周边地表沉降通常在距坑边一定距离 L 处达到最大沉降值 δ_1[16] $\left(L=H\tan\left(45-\frac{\phi}{2}\right)\right.$，$H$——地连墙深度)。本算例中，经计算 L 约为 14.5m，对比图 7.43 和图 7.44，模拟值与经验公式的计算结果较接近，但超载大小对 L 的值也有较大的影响，具体可见下文分析。

图 7.43 为坑外不同超载大小情形下第 3 步开挖结束时基坑左侧坑外地表沉降曲线。由图 7.43 可见：

① 坑外超载越大，基坑左侧的坑外地表沉降值越大，其中坑外超载为 0kPa、10kPa、20kPa、30kPa 时的最大地表沉降分别为 1.39mm、1.57mm、1.81mm、2.16mm；超载越大，地表沉降最大值点离围护墙越近，超载为 0kPa 时左侧坑外地表沉降最大值点离围护墙距离为 15.95m，超载为 30kPa 时左侧坑外地表沉降最大值点离围护墙距离为 12.69m。

② 对比坑边无超载和有超载的曲线可以发现，超载对地表沉降的影响主要在超载作

用宽度范围内，在超载作用宽度范围内地表沉降增加，超载对远离超载的土体产生向上的位移影响。

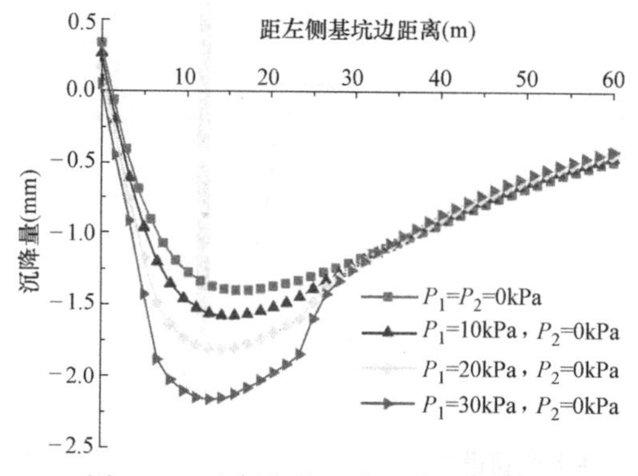

图 7.43　左侧坑外地表沉降变形曲线

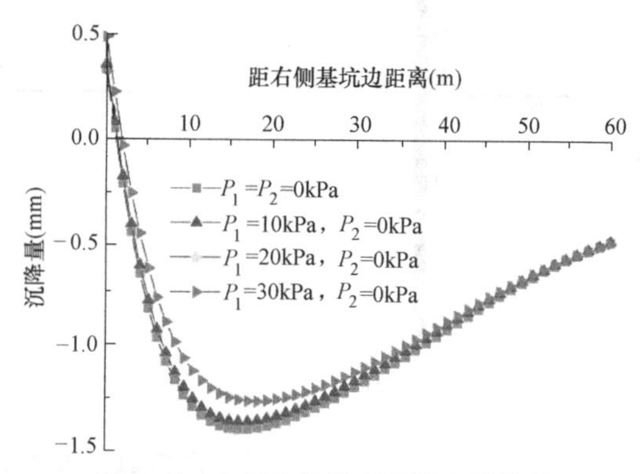

图 7.44　右侧坑外地表沉降变形曲线

图 7.44 为坑外不同超载大小情形下第 3 步开挖结束时基坑右侧坑外地表沉降曲线。由图 7.44 可见：

① 与基坑左侧明显不同，基坑右侧坑外地表沉降随着超载的增大不断减小，坑边无超载时，两侧坑外地表沉降最大值均为 1.39mm，坑边超载为 10kPa、20kPa、30kPa 时，右侧坑外地表沉降最大值分别为 1.35mm、1.30mm、1.26mm。当超载为 30kPa 时，左侧坑外地表沉降最大值约为右侧坑外地表沉降最大值的两倍。

② 随着坑外超载的增大，地表沉降最大值点离围护墙越来越远。当超载为 30kPa 时，右侧坑外地表沉降最大值发生位置约为左侧的 1.5 倍。

7.9　不平衡超载作用下基坑坑底隆起分析

基坑工程中由于土体开挖，自重应力释放，致使基底向上回弹。另外，基坑开挖后，墙体向坑内变形，当基底面以下部分的墙体向基坑方向变形时挤推墙前的土体，造成基底的隆起。当基坑宽度较小时，基底隆起呈馒头形状，基坑中心点隆起量最大。此时基坑隆起主要由支挡结构的入土深度部分向基坑内变形而形成；当基坑宽度逐渐增大，基坑隆起呈双峰形状，基坑底中心点隆起量较小，在位于坑壁一定距离处基坑隆起量较大，此时基坑隆起的原因同上；当基坑宽度继续增大时，基底隆起仍呈双峰形状，但基底中心隆起量增加，最大隆起量发生在基底中心，此时基坑卸载引起的坑底回弹起到主要作用[17]。本算例中基坑宽度较小，因此坑底隆起呈中部隆起最高的馒头形状。

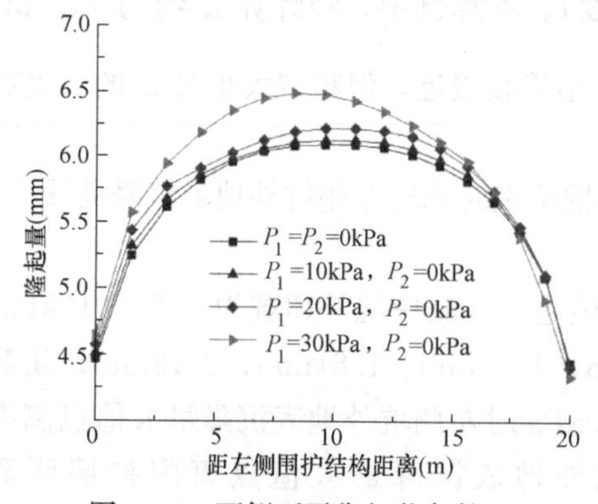

图 7.45　两侧不平衡超载条件下的基坑坑底隆起曲线

提取土质为黏土，超载宽度 20m，超载离坑边 5m，超载 P_1 = 0kPa、10kPa、20kPa、30kPa 情况下的计算模型。提取坑底隆起曲线数据得到图 7.45。

由图 7.45 可见：

坑边无超载情形下，坑底隆起呈对称分布。当左侧坑边施加超载时，坑底两侧的隆起量均有增加，但左侧的隆起量增加较多，隆起曲线呈非对称分布。随着两侧不平衡超载情况的加剧，隆起曲线非对称分布愈加明显，最大隆起发生位置由基坑中间逐渐向基坑左侧移动。坑内土体的隆起受坑边超载增大的影响较大，这主要是由于超载的增大，土体绕墙顶产生的塑流的趋势也增大，进而引起坑底隆起的增大[18]。

7.10 优化措施分析

在实际工程中，针对两侧不平衡超载作用下的基坑，往往会按照超载较大侧进行基坑围护设计，通过以上的分析可知，这样设计出的基坑会出现超载较大侧围护结构变形大于设计值的情况，基坑处于偏危险的状态，而超载较小侧的围护墙没能发挥其全部作用，甚至会出现向坑外逆向位移的现象。为此，提出一种两侧不平衡超载作用下基坑受力变形优化措施，即减小超载较小侧的围护墙厚度，使超载较小侧围护墙产生更大的位移，通过支撑的传递作用来抑制超载较大侧围护墙的位移，从而使得超载较大侧围护墙受力能与设计计算值更为接近，基坑更加安全。

在模型组合 7（土质为黏土，两侧超载宽度为 20m，离坑边均为 5m，超载 $P_1=45$kPa，$P_2=0$kPa）的基础上，改变非超载侧围护墙的宽度为 0.8m、0.6m、0.4m，对这四组模型的数据进行分析。

7.10.1 墙体水平位移对比

提取原模型和围护墙厚度改变后模型中的墙体水平位移数据，得到不同工况下的水平位移图如图 7.46～图 7.48 所示。

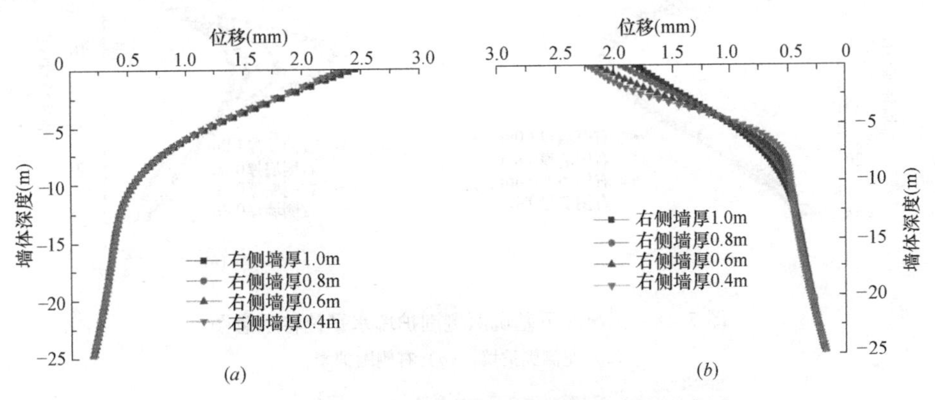

图 7.46　工况 1 下基坑两侧围护墙水平位移示意图

（*a*）左侧围护墙；（*b*）右侧围护墙

从图 7.46 中可以看出，随着右侧围护墙厚度减小，右侧围护墙的水平位移不断增大，左侧围护墙的水平位移基本保持不变。经计算，右侧围护墙厚度减小 20%、40%、60% 时，右侧围护墙位移最大值分别增大了 6%、18%、22%。在墙厚减小较大（60%）时，围护墙的变形曲线形状会发生变化。当墙厚减小60%时，左侧围护墙位移最大值为2.36mm，右侧围护墙位移最大值为2.22mm，两侧围护墙位移最大值已基本一致。

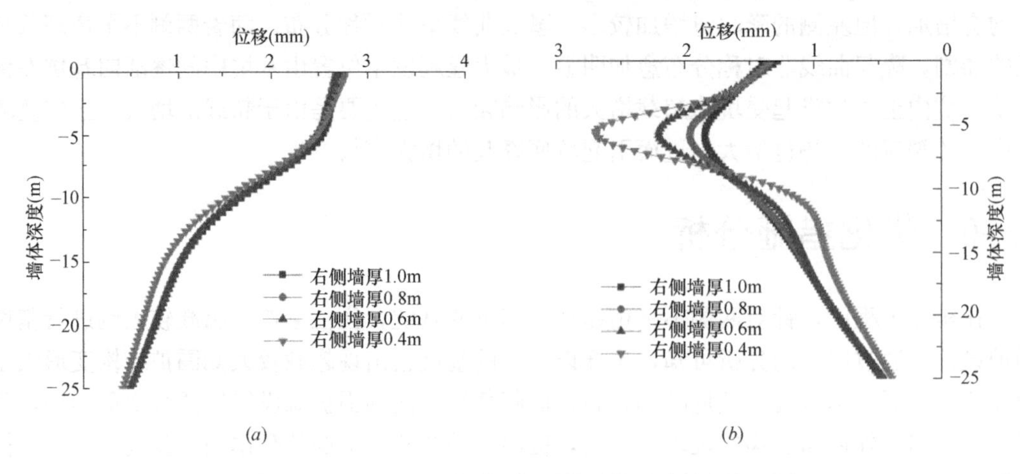

图7.47 工况2下基坑两侧围护墙水平位移示意图

(a) 左侧围护墙；(b) 右侧围护墙

从图7.47可以看出，在工况2时，随着右侧围护墙厚度减小，右侧围护墙的水平位移显著增大，左侧围护墙的水平位移改变较小。经计算，右侧围护墙厚度减小20%、40%、60%时，右侧围护墙水平位移最大值分别增大了6%、19%、46%，可见随着右侧围护墙墙厚的不断减小，右侧围护墙最大水平位移增大幅度也显著增加。当围护墙厚度减小较大（60%）时，最大水平位移发生位置略微有上移。

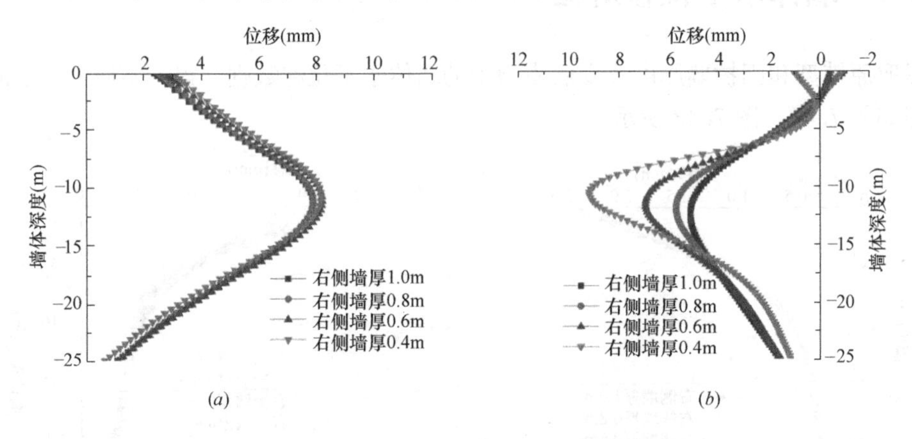

图7.48 工况3下基坑两侧围护墙水平位移示意图

(a) 左侧围护墙；(b) 右侧围护墙

从图7.48中可以看出，在工况3时，随着右侧围护墙厚度的减小，右侧围护墙最大水平位移不断增大，而墙顶水平位移不断减小。当右侧围护墙厚度减小60%时，墙顶开始由向坑外位移变成向坑内位移，由于支撑的刚度相对较大，围护墙在−3m到−6m范围内的水平位移被限制，在−6m到坑底范围内，墙体水平位移快速增大，在坑底附近达到最大值9.17mm，此时与左侧围护墙的位移最大值大小已基本一致。

7.10.2 围护墙弯矩对比

从图 7.49 中可以看出，随着右侧围护墙厚度的减小，左侧围护墙的弯矩值基本不变，右侧围护墙的弯矩值不断减小。根据等截面直梁的挠曲线近似微分方程 $EIw''=-M(x)$，围护墙厚度减小时，其抗弯刚度 EI 也随之减小，而 w'' 的变化幅度较小（图 7.46），故弯矩随围护墙厚度减小而减小。

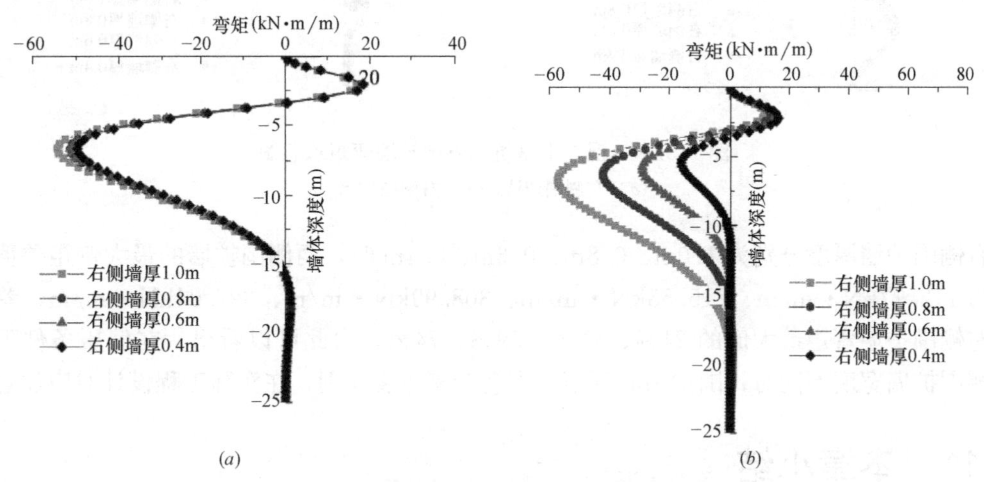

图 7.49　工况 1 下基坑两侧围护墙弯矩示意图

（a）左侧围护墙；（b）右侧围护墙

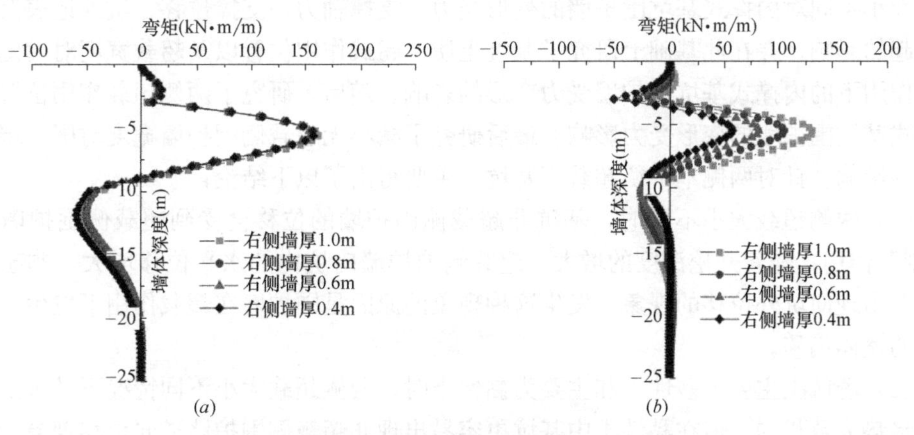

图 7.50　工况 2 下基坑两侧围护墙弯矩示意图

（a）左侧围护墙；（b）右侧围护墙

从图 7.50 中可以看出，随着右侧围护墙厚度的减小，右侧围护墙的最大弯矩发生位置基本不变。当右侧围护墙厚度分别为 1.0m、0.8m、0.6m、0.4m 时，右侧围护墙弯矩最大值为 131.21kN·m/m、105.53kN·m/m、82.24kN·m/m、58.09kN·m/m，右侧围护墙弯矩最大值随着围护墙厚度减小而大幅度减小。

从图 7.51 可以看出，随着右侧围护墙厚度的减小，两侧围护墙的弯矩差异越来越大。

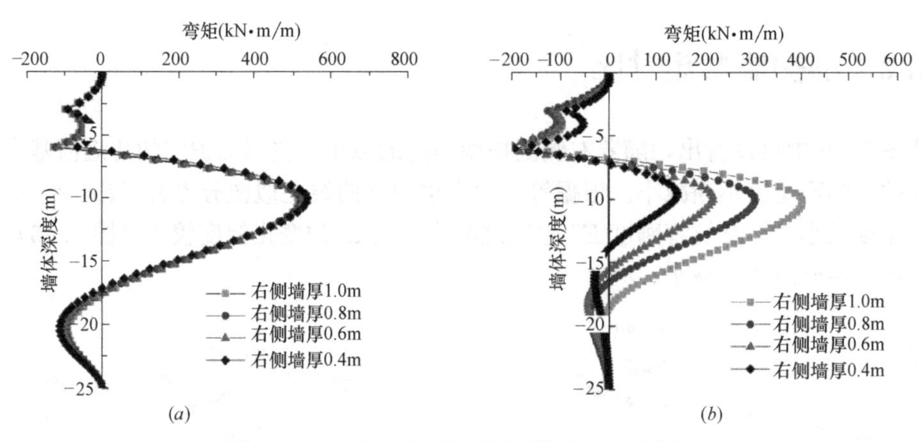

图 7.51 工况 3 下基坑两侧围护墙弯矩示意图

(*a*)左侧围护墙；(*b*)右侧围护墙

当右侧围护墙厚度分别为 1.0m、0.8m、0.6m、0.4m 时，两侧围护墙的最大弯矩差值分别为 112.77kN·m/m、215.53kN·m/m、308.99kN·m/m、397.04kN·m/m，差值为左侧围护墙弯矩最大值的 21%、41%、59%、74%，由此可以看出，在偏压条件下当两侧围护墙宽度不同时，围护墙的弯矩及配筋会有显著差别，在实际工程设计时应注意。

7.11 本章小结

本章使用有限元软件 PLAXIS 2D 建立了某两侧不平衡超载下基坑模型，研究了两侧超载大小不同对内撑式基坑围护墙的变形受力、支撑轴力、支撑位移、坑外地表沉降和坑底隆起的影响，并在此基础上研究了基坑土质、超载作用位置以及超载宽度对两侧不平衡超载作用下的内撑式基坑围护墙受力变形的影响。随后，研究了两侧超载作用位置不同对内撑式基坑围护墙的变形受力影响。最后研究了减小无超载侧围护墙宽度对围护墙变形和受力的影响。针对两侧不平衡超载下基坑，主要得出了以下结论：

（1）两侧超载大小不同时，基坑非超载侧围护墙的位移会受到超载侧围护墙位移的“抑制”作用，随着开挖深度的增大，超载侧围护墙向坑内的水平位移增大，非超载侧围护墙会出现向坑外位移的现象。发生这种现象的原因是围护墙在超载作用下发生了向无超载侧的整体偏移。

（2）场区土主要为砂性土和主要为黏性土时，两侧超载大小不同情况下基坑围护墙的变形趋势大致相同。但在黏性土中基坑更容易出现非超载侧围护墙逆向位移现象，即更容易受到不平衡超载的影响发生基坑的整体偏移。

（3）两侧超载大小不同时，超载距离对基坑围护墙变形的影响存在一个临界值，临界值以内超载距离对基坑围护墙变形的影响很大，临界值以外超载距离对基坑围护墙变形的影响较小。本算例中，超载侧临界值为 2 倍基坑开挖深度，当超载离坑边超过 2 倍基坑开挖深度时，超载对基坑围护墙的变形影响已经较小。非超载侧此临界值要小于超载侧，为 1 倍基坑开挖深度。

（4）两侧超载大小不同时，超载宽度的增大会促进非超载围护墙的逆向位移，使基坑更容易发生向非超载侧的整体偏移，不利于基坑的稳定。同样，超载宽度的影响也存在一个临界值，本算例中此临界值为约为 1.5 倍基坑开挖深度，当超载宽度增大到 1.5 倍基坑开挖深度时，继续增大超载宽度对基坑围护墙的位移已没有太大的影响。

（5）两侧超载大小相同，两侧超载离坑边距离不同时，超载距离基坑较近侧的围护墙水平位移较大，超载距离基坑较远侧的围护墙水平位移较小。随着右侧超载与基坑距离的增大，右侧围护墙墙顶位移会逐渐减小至出现向坑外的逆向位移，随后逆向位移值会随着距离的增大而增大。当右侧超载距离基坑越来越远时，右侧超载对基坑围护墙变形的影响也随之减小。

（6）两侧超载大小不同会使得基坑两侧围护墙的弯矩产生差异，当差异较大时需要对两侧围护墙采取不同的配筋设计。本算例中，坑边超载 P_1 大于等于 30kPa 时，两侧围护墙弯矩最大值 M_1、M_2 差值大于 10%，应该对两侧的墙身弯矩分别考虑，以达到最优化设计，减小造价。

（7）场区主要为砂性土和主要为黏性土时，两侧超载大小不同情况下基坑围护墙的弯矩曲线变化规律基本相同。但随着超载的增大，主要土层为砂土时围护墙的弯矩变化幅度更大。

（8）两侧超载大小不同时，随着超载与基坑距离的增大，两侧围护墙弯矩最大值发生位置基本不变，超载侧弯矩最大值不断减小，非超载侧弯矩最大值基本不变，两侧围护墙弯矩最大值差异率不断减小。当超载距离坑边较远时，超载对围护墙弯矩影响已较小，可以不再考虑两侧非平衡超载对围护墙弯矩造成的差异。

（9）两侧超载大小不同时，随着超载宽度的增大，两侧围护墙弯矩最大值发生位置基本不变，超载侧围护墙弯矩最大值不断增大，非超载侧围护墙弯矩最大值基本不变，两侧围护墙弯矩最大值差异率不断增大，基坑两侧受力不对称现象更加明显。进一步的研究发现，当超载宽度增大到一定程度后（本算例中大于 20m），继续增大超载宽度对两侧围护墙弯矩最大值差异率几乎不再产生影响。

（10）两侧超载大小相同，两侧超载离坑边距离不同时，两侧围护墙墙身弯矩最大值发生位置基本不变。随着右侧超载与基坑距离的增大，右侧围护墙弯矩最大值不断减小，左侧围护墙弯矩最大值变化不大，两侧围护墙弯矩最大值差异率不断增大。当右侧超载与基坑距离较远时（本算例中是大于等于 15m 时），应该对两侧的围护墙分别进行配筋设计，以达到最优设计，减小造价。

（11）两侧超载大小不同情况下，坑外超载大小对支撑轴力的影响较大，当 P_1 由 0kPa 增大至 90kPa 时，支撑轴力增大约两倍。当基坑有两道支撑时，坑外超载变化对下道支撑的影响更大。坑外超载过大时会使支撑发生向非超载侧的整体偏移。当基坑有两道支撑时，随着坑外超载的增大，第一道支撑会最先发生向非超载侧的整体偏移。

（12）两侧超载大小不同情况下，坑边超载增大时，超载侧的坑外地表沉降最大值会增大，临近基坑边的坑外地表隆起值会减小，隆起范围也会减小，而非超载侧则正好相反。

（13）两侧超载大小不同情况下，当左侧坑边超载增大时，坑底两侧的隆起量均有增加，但左侧的隆起量增加较多，隆起曲线呈非对称分布。随着超载的继续增大，隆起曲线非对称分布愈加明显，最大隆起发生位置由基坑中间逐渐向基坑左侧移动。

参考文献

[1] 刘波．复杂条件下偏压基坑开挖效应分析［D］．安徽建筑大学，2015.

[2] 李云峰．邻近超载对基坑支护结构及地面沉降的影响研究［D］．天津大学，2005.

[3] 徐志兵．不对称荷载作用下的基坑变形研究［D］．东南大学，2005.

[4] 涂芬芬．不同超载状态下深基坑支护结构的计算与分析［D］．合肥工业大学，2009.

[5] 马志创．不对称超载作用下基坑内力与变形分析［D］．河北工程大学，2010.

[6] 林刚，徐长节，蔡袁强．不平衡堆载作用下深基坑开挖支护结构性状研究［J］．岩土力学，2010，31（8）.

[7] 吕小军，杨琪，钱德玲，等．非对称超载条件下深基坑支护结构的变形分析［J］．合肥工业大学学报（自然科学版），2012，35（6）：809-813.

[8] 张小涛．非对称超载作用下基坑变形研究［D］．安徽建筑大学，2015.

[9] 王飞阳．内撑式非对称基坑支护体系性状分析［D］．华南理工大学，2015.

[10] 邓超．不对称荷载作用下深基坑内支撑支护体系稳定性研究［D］．湖北工业大学，2017.

[11] 冯晓腊，梁明志，熊宗海，等．在非对称荷载作用下超大圆环混凝土基坑支撑的变形及优化分析［J］．低温建筑技术，2018，40（12）：111-115.

[12] 马俊．偏压荷载非等深基坑开挖的变形规律［J］．城市轨道交通研究，2018，21（11）：106-110.

[13] Lambe P C．Design and Performance of Earth Retaining Structures［M］．ASCE，1990.

[14] 张国亮．紧邻既有线地铁车站深基坑工程稳定与变形特性研究［D］．中南大学，2012.

[15] 尹盛斌，丁红岩．软土基坑开挖引起的坑外地表沉降预测数值分析［J］．岩土力学，2012（4）：1210-1216.

[16] 刘忠昌．深基坑开挖对近邻地下管线位移影响的数值模拟分析［D］．北京工业大学，2005.

[17] 吴传波．基坑宽度效应对坑底隆起的影响研究［J］．城市道桥与防洪，2011（4）：180-182.

[18] 吕兆庆．地面超载作用下的基坑稳定性研究［D］．中国地震局工程力学研究所，2006.

第 8 章 总结与展望

8.1 总结

针对如今实际工程中日益增多的基坑受非平衡荷载作用的情况，本书主要从解析推导、试验研究以及数值模拟三个方面展开了一系列工作，主要获得了以下结论：

（1）提出了一种简便实用的可考虑位移影响的土压力修正方法。通过对作用于围护桩上的侧向土压力的主动以及被动土压力系数进行合理修正，建立了基于位移修正的土压力理论，从而可以考虑围护结构变形对作用在围护结构上土压力的影响。传统的 Coulomb 解答是变形达到土体极限位移时的一个特例，而本书中提出的土压力计算方法可以应用于更多实际工程情况中，较传统土压力计算方法更符合工程实际。

（2）在提出的基于位移修正的土压力计算方法的基础上，进一步推导了可用于砂性土基坑非对称开挖，桩土相对刚度差异较大情况下的桩（墙）撑式围护结构设计计算方法，该方法能够合理地设计非对称开挖情况下的围护结构的桩长。通过参数分析得出以下结论：在非对称开挖情况下，深侧开挖区对整体围护结构的受力起主导作用，浅侧围护结构插入比将对基坑的非对称开挖更为敏感。在深侧挖深不变的情况下，两侧挖深差越大，浅侧围护结构所需的临界插入比越小。

（3）通过室内试验的方法对非对称开挖基坑围护结构的受力变形特征进行实测研究，得出了以下结论：基坑开挖过程中，桩长较长侧对桩长较短侧将形成“推回位移”。试验测得的静止土压力与砂土静止土压力经验值较为吻合。试验测得的主动与被动土压力与理论计算得到的主动及被动土压力有一定差距，原因为传统土压力理论无法考虑位移等因素对土压力大小的影响，计算的结果仅能近似代表极限状态的土压力。随着基坑开挖深度的增大，两侧围护结构的桩身弯矩均有所增加，且最大弯矩所在的位置有下移的趋势。当非对称开挖过程中加深深侧的开挖深度时，将对深侧围护结构桩身弯矩造成较大影响，桩身弯矩明显增大，但对浅侧围护结构桩身弯矩的影响相对较小。

（4）通过有限元软件 PLAXIS 对非对称开挖基坑进行了数值模拟研究，结果表明：挖深较深侧围护墙的位移和弯矩值以及坑外地表沉降和坑底隆起值要大于挖深较浅侧，当两侧挖深差过大时，挖深较浅侧围护墙会出现向坑外的逆向位移，基坑会出现向挖深较浅侧的整体偏移，对基坑的安全性极为不利。非对称开挖分界面的位置对基坑受力变形的影响也较大。为了缓解非对称开挖基坑整体偏移，提出了两个优化措施：①减小开挖深侧围护墙墙深；②增大开挖浅侧坑外超载。数值模拟结果表明，措施①可以缓解非对称开挖基坑围护墙两侧的变形不对称，措施②可以缓解非对称开挖基坑围护墙两侧的变形受力不对称。

（5）通过有限元软件 PLAXIS 对两侧土质不同情况下基坑进行了数值模拟研究，结果表明：土质较差侧围护墙的位移和弯矩值以及坑外地表沉降和坑底隆起值要大于土质较好侧，当两侧土质差异过大时，土质较好侧围护墙会出现向坑外的逆向位移，基坑会出现向土质较好侧的整体偏移，对基坑的安全性极为不利。土层分界线倾斜角度对基坑受力变形的影响也较大。为了缓解两侧土质不同基坑整体偏移，提出了两个优化措施：①减小土质较好侧围护墙厚度；②增大土质较好侧坑外超载。数值模拟结果表明，措施①可以缓解两侧土质不同基坑围护墙两侧的变形不对称，措施②可以缓解两侧土质不同基坑围护墙两侧的变形受力不对称。

（6）通过有限元软件 PLAXIS 对两侧不平衡超载下基坑进行了数值模拟研究，结果表明：超载侧围护墙的位移和弯矩值以及坑外地表沉降和坑底隆起值要大于无超载侧，当超载值较大时，无超载侧围护墙会出现向坑外的逆向位移，基坑会出现向无超载侧的整体偏移，对基坑的安全极为不利。超载离坑边的距离、超载宽度对基坑的变形影响也较大。为了缓解两侧不平衡超载基坑整体偏移，提出了一种优化措施：减小超载较小侧的围护墙厚度。数值模拟结果表明，此优化措施可以缓解两侧不平衡超载基坑围护墙两侧的变形不对称。

8.2 展望

限于编者水平，加之时间有限，本书难免有一些不尽完善之处，因此基于本书中介绍的研究基础，对未来的非平衡荷载作用下基坑围护结构方面的研究提出以下展望：

（1）本书提出非对称开挖基坑围护结构设计计算方法，仅建议用于砂性土基坑、桩土刚度差异较大且支撑刚度较小的情况下的非对称开挖基坑围护结构设计计算，对于其他土质以及围护结构刚度情况下的非对称开挖基坑围护结构，将在以后的工作中进一步完善。

（2）本书的试验研究部分仅针对非对称开挖的工况进行了实测研究，对于两侧土质不同情况以及两侧不平衡堆载的情况的试验研究工作，仍有待进一步开展。

（3）本书应用了有限元软件 PLAXIS，对非平衡基坑进行了二维仿真模拟，模拟结果与实际工程的三维状态会有一定的差距，建议在以后的研究中可以进行三维仿真模拟。

（4）数值模型中采用了很多简化的假设，也会使模拟结果与实际情况有一定的差距，比如用只能传递轴力的点对点锚杆来模拟内支撑，因此需要做进一步的完善，才能得到更加符合实际的结果。除此之外，限于时间和篇幅原因，非平衡超载离坑边距离以及非平衡超载宽度对支撑受力变形、坑外地表沉降、坑底隆起的影响没有开展研究，非平衡基坑优化措施对支撑受力变形、坑外地表沉降、坑底隆起的影响等也没有开展研究，将在以后的工作中进一步的完善。